无人机光谱感知作物信息及变量灌溉方法研究

陈震 程千 苏欣 等著

黄河水利出版社
·郑州·

图书在版编目(CIP)数据

无人机光谱感知作物信息及变量灌溉方法研究/陈震等著.—郑州:黄河水利出版社,2021.11
ISBN 978-7-5509-3115-2

I.①无…　Ⅱ.①陈…　Ⅲ.①无人驾驶飞机-应用-喷灌-研究　Ⅳ.①S275.5

中国版本图书馆 CIP 数据核字(2021)第 200570 号

出　版　社:黄河水利出版社　　　　　　　　　　网址:www.yrcp.com
　　　　地址:河南省郑州市顺河路黄委会综合楼 14 层　邮政编码:450003
发行单位:黄河水利出版社
　　　　发行部电话:0371-66026940、66020550、66028024、66022620(传真)
　　　　E-mail:hhslcbs@126.com
承印单位:河南新华印刷集团有限公司
开本:787 mm×1 092 mm　1/16
印张:8.75
字数:202 千字
版次:2021 年 11 月第 1 版　　　　　　　　　　印次:2021 年 11 月第 1 次印刷
定价:46.00 元

《无人机光谱感知作物信息及变量灌溉方法研究》
主要编撰人员

陈　震(中国农业科学院农田灌溉研究所)

程　千(中国农业科学院农田灌溉研究所)

苏　欣(黄河水利科学研究院引黄灌溉工程技术研究中心)

黄修桥(中国农业科学院农田灌溉研究所)

李金山(中国农业科学院农田灌溉研究所)

段福义(中国农业科学院农田灌溉研究所)

马春芽(中国农业科学院农田灌溉研究所)

马　骏(安徽艾瑞德农业装备股份有限公司)

汤玲迪(江苏大学流体机械工程技术研究中心)

李　辉(中国农业科学院农田灌溉研究所)

曹引波(中国农业科学院农田灌溉研究所)

前　言

本书针对大型平移式喷灌机灌溉作物为研究主线,测试大型喷灌机喷头水力性能及喷灌机运行参数,利用无人机光谱信息感知系统,采集热红外、多光谱、可见光等光谱影像数据,获取温度、作物水分亏缺指数、株高、叶面积、产量等信息空间分布,结合大型喷灌机不同灌溉处理情境下反演土壤水分,构建灌溉处方图,为实现精准灌溉、智慧灌溉提供灌溉信息支撑。具体如下:

(1)开展了大型平移式喷灌机运行参数试验,测试并模拟喷头水力性能,利用空间插值运算的方法,模拟了旋转喷头的喷洒及其不同喷头间的叠加效果,发现速率与百分率关系为:$y=1.58x-3.1089$,$x\in[10,100]$,$R^2=0.984$,运行速率为32.2~158.6 m/h。试验测试不同的速率运行下,不同喷嘴喷洒水量具有相同的变化趋势,数据显示喷灌机运行速率增大,喷头喷嘴喷洒水量呈$y=ax^b$幂函数趋势下降,不同形式的喷头喷洒范围、水滴大小不同,根据不同的气候条件,灌溉作物自身的生理生长特征以及变量灌溉、精准灌溉的需求进行喷头选配。

(2)基于无人机遥感灌溉冬小麦水分亏缺反演研究有利于提高农田集约化管理效率,提升农田精准灌溉水肥空间分布信息高效获取技术水平。采用大型喷灌机不同灌溉处理的方式,设置三个灌溉水平,利用无人机携带热红外、可见光、多光谱相机,规划航线飞行采集影像数据,结合田间布点取样校准,获得田间不同试验小区光谱数据,计算植被指数,反演水肥指标,构建土壤水分反演模型。水分亏缺情境下,灌水的多少直接影响冬小麦的生理生长指标,灌水量越多,冬小麦株高、叶面积发育越好;三个灌溉水平处理间冠层温度差异在2~5 ℃;植被指数与灌溉处理一致性较好。热红外影像反演作物冠层温度计算得到的作物水分亏缺指数可以展现冬小麦作物水分亏缺空间分布,作物水分亏缺指数与土壤水分平均含水量有很好的相关性。

(3)本书利用大型平移式喷灌机对冬小麦进行不同灌溉处理,测试无人机多光谱遥感在无布点校准的情境下测量株高、叶面积、估产的效果,调整喷头喷嘴和喷灌机运行速率,开展了三个灌溉水平处理240 mm(IT_1)、190 mm(IT_2)、145 mm(IT_3)试验;每个灌溉水平处理下布置60个取样小区,株高的测量采用地面人工测量和无人机多光谱遥感影像点云处理计算的方式,利用机器学习算法结合光谱指数开展产量预测。结果显示:本试验的三个灌溉水平处理,地面人工测量株高与无人机多光谱遥感影像点云数据计算的株高趋势一致,灌溉水量对株高的影响正相关,三个灌溉水平处理的平均株高 $IT_1>IT_2>IT_3$,拔节期灌溉后的日增长率 $IT_1>IT_2>IT_3$;地面测量的数据与多光谱点云数据对比趋势一致,点云提取的株高与实测前3次相差12 cm,后期相差15 cm左右,无人机多光谱点云数据计算提取的株高能够高效地反演小区间株高生长差异,在采集多光谱影像的同时可以有效地提取株高等数据。本试验发现多光谱影像点云数据可以快速高效地获取株高数据,以往多光谱影像监测中可以提取株高等数据,拓展了农业多光谱相机的应用。

（4）本书中针对三个灌溉水平处理下，利用 10 种机器学习算法，利用多光谱和热红外光谱影像数据计算的光谱指数，进行了各个小区产量反演估算。结果发现：各小区实测产量均值分别为 8.0 kg、6.7 kg、4.9 kg；千粒重分别为 41.5 g、39.8 g、35.5 g。三个处理下产量梯度差异较千粒重差异梯度明显，说明三个灌溉水平处理下灌溉量越多不仅千粒重大，而且麦粒也多。分析热红外和多光谱数据建立的植被指数产量预测模型，发现三个灌溉水平处理下的植被指数表现出差异性，差异性显著的时期集中在 T6、T7、T8 时期。植被指数预测模型中表现出极显著差异的是 EVI 预测模型。对比各个植被指数与产量相关性，T1、T2、T3、T4 时期各植被指数相关性不显著，T5、T6、T7、T8 时期相关性显著提高。对比使用热红外数据和不使用热红外数据构建的产量预测模型，发现使用热红外数据构建的产量预测模型整体精度更高。

（5）本书利用无人机光谱影像提取的冠层温度、作物水分亏缺指数，利用 QWaterModel 输入冠层温度遥感影像数据，获取冠层蒸散发空间分布图像数据，考虑喷灌机灌溉特点、作物不同生育期生理生长参数，构建了灌溉处方图反演模型。结果发现，输入作物冠层温度利用 QWaterModel 计算的 ET 空间分布，很好地体现了作物冠层生理生长活动的空间变异特征，在没有充足的气象数据资料的情况下，通过无人机感知系统获取作物冠层温度影像数据，可以利用 QWaterModel 反演作物冠层的蒸散发空间分布。不同灌溉水平处理试验中，灌溉处方图能体现出试验中灌溉处理的空间变异；冬小麦旺长期每一次不同灌溉水平处理过程，会导致采集影像反演的灌溉处方图发生空间变异。

本书中采用的反演灌溉处方图的原理模型主要考虑了土壤中有效可利用水量，以土壤中作物有效根系吸水层内的田间持水量为灌溉上限，利用作物冠层 ET_{max} 判定灌溉周期，需要进一步考虑判定是否需要灌溉的临界作物冠层 ET，更合理地反演灌溉处方图。本书中的方法可以为现代农业提供精准灌溉信息感知决策等方面的借鉴。

作　者
2021 年 9 月

目　录

第 1 章　绪　论

1.1　选题的背景与意义

1.1.1　选题的背景

水是生命之源、生产之要、生态之基,水资源是地球上最宝贵的资源(Yang et al.,2010),接近 80% ~ 90% 的淡水资源用于农业,其中有 2/3 的淡水资源需要直接用于灌溉(Fereres,2006; Morison et al.,2008)。从"十二五"开始我国大幅度财政投入超 2 万亿元用于开展农田水利建设,"十三五"期间提出新增 1 亿亩❶高效节水灌溉面积,深入贯彻落实习近平总书记提出的"节水优先、空间均衡、系统治理、两手发力"的治水思路,把节水放到首要位置,深入推进农业供给侧结构性改革,促进水资源可持续利用。截至 2020 年,"十三五"规划要全面落实,基本保护农田,大中型灌区的基础建设有了极大的改善。同时,我国的灌溉水利用系数逐年增高,但截至 2020 年,我国灌溉水有效利用系数尚未达到 0.6,离 0.8 的国际先进水平仍有一定差距,为此我国应该加强农田灌溉最后"一公里"的投入,大力发展高效节水灌溉技术。

目前,农业机械化成为降低生产成本、提高比较效益、增强竞争力的现实选择。农业绿色发展、安全发展理念深入人心,提高农业投入品和资源利用率、缓解农业资源环境劳动力压力,迫切需要现代农业机械化技术和装备的支撑。大型喷灌机作为现代农业节水高效灌溉技术装备集约化程度较高的现代化灌溉技术载体,以其灌溉质量效果好、适用范围广、自动化程度高的优势,在我国发展集约化、规模化农业生产以及生态农田建设中将发挥重大作用。据统计,我国农田高效节水灌溉工程面积已经超过总节水灌溉面积的50%,喷灌面积已达 5 000 万亩,其中大型喷灌机喷灌约 500 万亩,主要分布在东北地区和西北地区。近年来,随着黄淮海地区土地流转逐步深入及田间水肥管理劳动力投入不断加大,大型喷灌机的推广在黄淮海地区所占市场份额亦在逐步扩大。

国家在《数字农业农村发展规划(2019—2025 年)》中指出,新一代信息技术发展日新月异,数据爆发式增长、海量集聚,数字化、网络化、智能化加速向农业产业广泛渗透。灌溉是农业产业、生产、经营体系中的一个重要环节,利用现代信息感知技术与节水高效灌溉控制技术实现精准灌溉、智慧灌溉可有效提高农业用水效率、减少农业用水量、缓解农业用水压力。灌溉技术与设备在不断的发展提高,部分灌溉技术设备具备了实现精准灌溉、智慧灌溉的需求能力。然而,信息采集决策却难以满足精准灌溉、智慧灌溉的需求。

---

❶　1 亩 = 1/15 hm²,下同。

传统的灌溉信息监测大多集中在传感器、物联网等方面,获取的信息以点源数据为主,难以体现大田空间方面的信息分布。卫星遥感获取区域时空分布数据存在分辨率不高、易受大气云层影响等问题,难以满足田间尺度精准灌溉对空间信息的需求。急需探索新的现代化农田信息感知技术用于精准灌溉,助力智慧农业的发展。

1.1.2 目的和意义

当前,信息技术发展日新月异,无人机逐步走进日常消费市场,而且在行业应用方面无人机的应用发展呈现爆发式增长,在电力巡查、地理勘测、石油管道输送维护、交通巡查、消防、影视等行业逐步成为标配。同样,在农业领域,随着 5G 信息技术发展,智慧农业需求日益增高,无人机在现代化农业生产管理中扮演的角色越来越重要。2020 年无人机植保作业面积超过 2 亿亩,无人机遥感亦在农田管理中逐步出现。大型喷灌机变量灌溉技术的探索在逐步提速,国内的变量灌溉技术从无到有,而指导大型喷灌机变量喷洒的灌溉处方图的研究刚起步,大型喷灌机精准灌溉结合无人机遥感现代信息技术将提升大型喷灌机的信息化水平,丰富精准灌溉理论体系,也是下一步大型喷灌机精准灌溉、智慧灌溉研究的一个重要方向。

随着土地流转不断深入和国家乡村振兴战略的实施,大型喷灌机灌溉将在绿色农业、精准农业、智慧农业方面扮演重要角色。推进农业灌溉科技创新,以数据赋能农田灌溉管理现代化。加强精准感知和数据采集技术创新,开展无人机热红外、多光谱感知田间精准灌溉信息研究,将有效利用现代化信息技术手段弥补精准灌溉、智慧灌溉决策对数据信息空间分布的需求,对提升精准灌溉、智慧灌溉水平,助推新时代智慧农业发展具有重要意义。为此,开展基于无人机大型喷灌机精准灌溉信息感知研究,可丰富和深化大型喷灌机精准灌溉理论,为推广大型喷灌机精准化、信息化提供技术和理论支撑。同时,为加快推进农业绿色发展,实现节本增效、资源节约、环境友好的现代农业发展之路提供一种技术和管理理论依据,对乡村振兴、农业转型升级具有非常重要的意义。

1.2 国内外研究进展

1.2.1 大型喷灌机研究进展

每一种灌溉技术都有其一定的适用性,灌溉技术的选用需要结合种植作物、气候、自然地理条件、经济承受能力等综合因素考虑。大型喷灌机有其优点,也有一定的局限性,如在一些区域推行大型喷灌容易造成地下水环境及其植被下降(Chen et al. , 2019b),然而,同样有研究采用同位素失踪的方法发现,采用大型喷灌机灌溉相较于地下滴灌而言,大型喷灌对降雨的利用率提高了 63%(Goebel, 2019),说明任何一种灌溉技术都有其一定的局限性和适用性。当前,从文献和国际研发追踪发现,在灌溉技术领域,针对大型喷灌机的研究,一个重要方向是变量灌溉(VRI),变量技术起始于 20 世纪初期。截至目前,国外变量灌溉技术在精准灌溉上的应用研究很大程度上取得了长足进展(韩文霆,2003;

韩文霆等,2004b)。精准灌溉的变量技术是指根据专家决策系统或用户经验输入的基本变量参数,来改变或随机变化灌溉系统的结构参数或性能参数,达到实时、精准灌溉的目的。例如,安装有计算机、差分地球定位系统、地理信息系统等先进设备的圆形喷灌机和平移式喷灌机,根据所处的田间位置状况,适时自动调节喷头喷洒量的一种技术(韩文霆等,2004a;金宏智等,2003;杨青等,2006)。变量灌溉技术的推广应用,可有效解决地势起伏高低不平,造成的低处湿润易发生涝渍灾害,而高处土壤较干燥出现水分亏缺等问题。此外,在实施变量灌溉局部作业过程中,可以有效地避开岩石或道路,避免将化肥、农药喷洒到池塘或沟渠造成水污染;变量灌溉可以针对不同的田间种植结构,对不同作物生殖生长需求开展精准高效的灌溉施肥。

圆形喷灌机在运行过程中,距离中心支轴越远的喷头喷洒控制灌溉面积越大,要保证圆形喷灌机灌溉控制面积内的喷洒均匀度,则需要改变每一个喷头的喷水量(韩文霆,2003;韩文霆等,2004b)。圆形喷灌机和平移式喷灌机喷洒作业时,为实现灌溉喷洒深度不同,可根据需要调整机器行走速度,改变走停的时间比例,实现不同区域、不同作物变量灌溉(Han et al.,2009;Nahry et al.,2011)。变量灌溉技术的推广应用涉及因素很多,实现圆形喷灌机和平移式喷灌机的高效精准变量灌溉,必须依靠成熟的技术理论,并借助相应的性能优异变量设备才能实现(Nahry et al.,2011;杨世凤等,2005)。变量灌溉利用无线遥感控制,安装GPS定位控制系统等,都取得了一定的进展(Dogan et al.,2008;Han et al.,2009;Mc Carthy et al.,2010;Mc Carthy et al.,2014;Ouazaa et al.,2015)。因圆形喷灌机围绕中心支轴行走,每个喷头控制的面积不一样,所以在圆形喷灌机上各个喷头喷洒都是变量喷洒(赵伟霞等,2014)。此外,由于大型喷灌机控制的面积较大,在不同的区域土壤质地不同,作物生长情况不同,耗水量易出现很大差异,这时需要调节喷头,需要根据需水控制喷水量。大型平移式喷灌机的变量控制以全方位、可靠的自动控制技术为支撑。有相关研究试验装机的大型喷灌机采用各跨同步行走自动控制方式、对地自动调速控制方式以及摆角归零法的自动控制方式,可以基于土壤水分分布处方图进行自动变量作业,由于采用了无线自动遥测、遥控和远程数据通信等技术,该GPS导航、定位系统采用相对定位方式;另外,对该喷灌机的偏航距离的测量采用自动跟踪方法,并与设置的超声波测距系统进行对比(张小超等,2004)。要实现大型喷灌机的变量灌溉,需要机械化、自动化电子通信等领域技术支撑,同时需要作物水肥管理理论作为基础,结合现代信息管理理念和技术,实现变量灌溉技术(Abrishambaf et al.,2020)。

随着现代技术的发展,大型喷灌机低压精准灌溉(low energy precision application,LEPA)已经在一些地区普及推广应用(Hunsaker et al.,2015;Ko et al.,2009;Piccinni et al.,2009)。低压喷灌是大型喷灌机目前常采用的低压节能的有效方式,利用安装在移动式桁架上的输水管道将灌溉用水从水源直接输到作物附近,采用较低的压力将水注入作物根部进行灌溉。一般采用低压喷头取代高、中压喷头,减小喷头仰角,减少转动装置能耗,采用太阳能和风能作为替代能源。这种灌溉技术利用有限的水资源来灌溉尽可能多的耕地,主要应用于水资源日益紧缺和能源紧张的干旱半干旱地区。目前,世界上许多国家纷纷采用了这种技术,如美国林赛公司在平移式喷灌机上对喷头装置和喷洒方式进行了改进,水量损失大大减少,水的利用率可提高到0.9以上。法国等在提高软管卷盘式的能量利用率上做了不少工作,使喷灌机在驱动旋转和过流中的损失减少了很多,很大程度上改善了这种机型耗能较多的"先天不足"的弊病(Dogan et al.,2008;Haghverdi et al.,2016)。美国等通过对喷头及系统其他关键设备的改进和重新进行喷灌机的水力设计,将原有的中心支轴式喷灌机和平移式喷灌机改装用于低能耗精确喷灌,取得了明显的节水(20%~40%)、节能(30%~50%)和增产(10%~20%)的效果,无论是在蔬菜喷灌还是在大田喷灌中,其灌溉效果都达到甚至超过了滴灌技术(韩文霆,2003)。

关于大型喷灌机的另外一个研究热点是喷灌改变了田间小气候。田间小气候主要是指地面以上 2 m 内的空气层温度、湿度、光照和风的情况,以及土壤表层的水热状况。大型喷灌机作业时,水滴在飞行的过程中以及水滴到达冠层或地面后,可以吸收 24% 的净辐射能量,从而使水滴温度增加,这便增加了水滴的蒸发量。水滴在空中蒸发后,水汽迅速扩散到周围空气中,使得空气湿度增大,空气湿度的变化可用空气密度表示(刘海军,2000)。喷灌过程中水滴漂移蒸发和冠层截留过程中的蒸发是喷灌调节农田环境小气候的主要原因。喷灌水滴漂移过程中蒸发量一般小于 2.5%,冠层截留一般在 1%~4.2%。喷灌使农田冠层温度降低、湿度增大。在寒冷季节,通过喷灌可改善作物冠层的热量状况。喷灌后田间作物光合速率提高,蒸腾强度降低,最终表现为喷灌条件下作物耗水量较小,产量和水分利用效率较高(Sadeghi et al.,2015)。赵伟霞等(Zhao 等,2012)考虑喷灌田间小气候变化作用确定灌水技术参数的方法,利用了考虑喷灌田间小气候变化效果的扩展 CUPID 模型,模拟不同喷灌强度和灌溉时间的喷灌水利用率,研究喷灌水利用率的年际和季节变化规律,以喷灌水利用率最高为目标确定喷灌技术参数。喷灌对田间小气候的改变主要通过改变气温和相对湿度,体现在蒸发漂移损失方面,而这二者受风、光照、气温等气象因子的影响。白天和晚上喷灌情况下,蒸发漂移损失不同,固定式喷灌蒸发漂移损失白天为 15.4%、夜晚为 8.5%,移动式喷灌白天损失达到 9.8%、晚上为 5.0%;通过 Penman-Monteith 公式计算发现喷灌条件下 ET_0 每小时减少了 0.023 mm(Playán et al.,2005)。然而,有研究(Uddin et al.,2016)持不同观点,在喷灌灌溉条件下,垂向能量交换显著地增加了实际蒸散发(ET_{act})。华北地区冬小麦在喷灌灌溉条件下,发现距地面 1~2 m 内温度梯度与饱和水汽压明显低于地表灌溉(Liu et al.,2006)。喷灌的田间微气候是确实存在的,也是喷灌的一大特点。大型指针式喷灌机喷洒不均匀是一个客观存在的技术难题,同时大型喷灌机喷洒水滴很容易受风的影响,使原本喷洒均匀度不高的情境下,水分分布更难均匀(Haghverdi et al.,2016;Ouazaa et al.,2016)。

为了提升大型喷灌机的喷洒效果,完善大型喷灌机平台的建设,提供大型喷灌机变量精准喷洒数据信息支撑,急需利用现代信息技术,获取大型喷灌机灌溉控制面积内高时空分辨率的时空分布需水信息,解决大型喷灌机高效变量精准喷洒基础数据来源问题,搭建精准高效管理平台。

1.2.2　无人机遥感田间作物信息研究进展

推进数字农业农村科技创新,以数据赋能农业农村现代化。要以"数据-知识-决策"为主线,突破核心关键技术、装备和集成系统,厚植数字农业农村发展根基(唐华俊,2020)。其中,一个重要的方面是加强精准感知和数据采集技术创新,突破无人机农业应用的共性关键技术。在农田灌溉领域,非常适合构建"天空地一体化的信息采集技术",区域或灌区尺度农田灌溉信息适合通过遥感卫星获取,庄园或大田精准管理尺度可以发挥无人机信息智能感知的优势和长处,配合田间点数据物联网设备辅助校正,构建科学合理的天空地智能灌溉信息感知及决策系统。

大型喷灌机控制的大田尺度管理系统,非常适合利用无人机信息采集系统开展大田信息感知(Chen et al. , 2019a;Ezenne et al. , 2019;Hassan-Esfahani et al. , 2015;Maes, 2012),提升喷灌机水资源管理效率,改善信息采集途径,实现农业精准管理。通过现有的文献分析发现,现有的无人机感知系统主要携带了光谱感知探测器,如热红外、可见光、多光谱、激光雷达等(Holman et al. , 2016;Lu et al. , 2019;Maimaitijiang et al. , 2020b;Roth et al. , 2018;Wang et al. , 2018;Watanabe et al. , 2017),这些光谱探测器获取影像数据后需处理分析获取田间管理信息数据(Allred et al. , 2020;Ezenne et al. , 2019;Gerhards et al. , 2019;Han et al. , 2019;Helgesen et al. , 2019;Khoshboresh Masouleh, Shah-Hosseini, 2019;Lu et al. , 2019;Maimaitijiang et al. , 2020b;Radoglou-Grammatikis et al. , 2020;Turner et al. , 2020),处理影像数据比较关键的一步是影像数据的拼接,以此获取高分辨率大面积空间尺度的光谱影像,进而提取相关大田信息。在光谱影像拼接环节中,现在比较成熟且应用比较多的理论方法是运动重构(Structure-from-Motion,SfM)方法(Han et al. , 2019;Harvey et al. , 2016;Holman et al. , 2016;Watanabe et al. , 2017),此方法是通过重叠的图像获得高精度 3D 地形或结构重建,核心在于 SfM 算法可以从重叠的图像中计算相机位置、方向以及地理几何数据(Cook,2017;Hawley,2019;Meneses et al. , 2018;Sanhueza et al. , 2019)。目前很多商业用的拼图软件(如 Pix4D、Photoscan、Smart 3D 等)大都运用运动重构的算法。

近年来,一系列的研究采用无人机影像基于 SfM 算法构建作物生长模型,高效精准地获取作物冠层信息,如在植株高度获取方面,起初研究无人机携带激光雷达获取森林植被三维点云,构建冠层三维模型,提取植株高度(Wallace et al. , 2012;Zarco-Tejada et al. , 2014),针对高大乔木获得了不错的效果。Bending 等(Bendig et al. , 2014;Bendig et al. , 2015)同样利用无人机影像模拟和计算点云信息获得大麦和水稻等作物的株高信息,结果显示,与人工地面测量的方法比较,线性回归系数在三个不同的生育期分别为 0.55、0.22 和 0.71。无人机遥感在这些研究中成功地通过高大的乔木到田间作物的尝试,逐渐开始在植物表型相关研究中展开。如同样采用 SfM 算法(Holman et al. , 2016),针对冬小麦不同生育期,利用不同生育期的数字表面模型(DSM)减去种植前裸地的 DSM 获取种植区域归一化地表数字模型的方法,获取不同试验小区的株高,利用统计方法拟合发现无人机影像测量株高与人工测量的株高拟合后的决定性系数 R^2 在 0.97 左右,此研究结果说明了采用归一化地表数字模型的方法获取株高相当准确。此外,日本学者(Watanabe et al. , 2017)用无人机遥感可见光(RGB)和 NIR-GB(近红-绿蓝)影像提取大豆株高,应用了日本国内图像处理软件同样基于 SfM 算法获取 DSM,结合人工测量提出了削减低矮植株在 DSM 数据中容易被高植株遮挡的处理方法,结果发现提取的株高与人工测量的株高相关系数 R^2 在 0.6 左右。国内陶惠林等(2019)针对冬小麦开展了基于无人机高清数码影像生成冬小麦的作物表面模型(crop surface model,CSM),利用 CSM 提取出冬小麦的株高(H_{csm}),然后利用提取的21种数码影像图像指数,构建了拔节期、挑旗期和开花期混合的多生育期生物量估算模型,并进行单生育期和多生育期模型对比分析;利用了选择逐步回归(stepwise regression,SWR)、偏最小二乘(partial least square,PLSR)、随机森林(random forest,RF)3种建模方法对多生育期估算模型筛选出冬小麦生物量估算的最优模型,结果表明:提取的H_{csm}和实测株高(H)具有高度拟合性($R^2 = 0.87$,RMSE = 6.45 cm,NRMSE = 11.48%)提出株高效果非常好,可以用于替代人工测量田间株高。随着研究的深入,株高的提取一般情况下仅通过可见光影像即可提取(Chang et al.,2017),从起初的激光雷达获取冠层三维点云结构,到消费级无人机可见光影像获取冠层表面点云,同样可以高效精准地提取作物冠层高度,农业管理应用成本大幅降低,给农业相关研究提供了切实有效的途径。

在叶面积等信息感知方面,叶面积指数(leaf area index,LAI)表示单位面积上植株单面叶片面积的总和,是反映作物覆盖及长势、冠层结构以及预测作物生物量的重要参数之一,很多学位论文证实遥感方法可以有效提取叶面积指数(付元元,2015;李振海,2016;李宗南,2014;王来刚,2012;于丰华,2017)。利用无人机搭载高清数码相机可以获取田间作物的高清RGB影像,通过波段运算得到的可见光植被指数能够对作物参数进行很好的预测(Berni et al.,2009;Dandois et al,2013;Hunt et al.,2010)。同时,田间影像中常含有土壤背景信息,通过监督分类、无监督分类或阈值法等手段可以剔除土壤背景,从而计算出作物覆盖度,能够在一定程度上反映作物的长势。通常的田间作物影像为二维正射影像,获取影像时相机镜头垂直地面。此外,通过预先调整无人机飞行航线和相机镜头朝向获取的倾斜摄影影像,可以建立三维的作物表面模型(crop surface models,CSMs)(Bendig et al.,2014),结合地面控制点,可进一步提取株高,其与LAI、生物量等有显著的相关关系(Corcoles et al.,2013;Duan et al.,2019;Fu et al.,2020b)。不同的可见光光谱指数、株高、覆盖度等都是作物生长的特征描述,在预测LAI时或许存在相关关系或者互为补充,如可见光光谱指数和覆盖度是作物的二维特征,而株高是作物的三维特征,这些特征的融合能否提高对LAI的预测精度,很有必要进行深入研究。

在无人机影像获取田间作物株高、LAI、生物量的反演过程中,已有大量的统计学方法或机器学习算法使用,如多元线性回归、偏最小二乘法回归、支持向量机回归、神经网络等,而且无人机信息采集平台已被研究证实是提高田间信息获取改善现代农业管理的有效途径(Fu et al.,2020a;Guo et al.,2020;Hussain et al.,2020;Li et al.,2020;Maimaitijiang et al.,2020a;Zheng et al.,2020)。

1.2.3 热红外在农田灌溉管理中研究应用进展

热红外影像在城市交通、环境、生态等很多领域应用(Caldwell et al.,2019;Khoshboresh Masouleh et al,2019;Nishar et al.,2016;Santesteban et al.,2017;Turner et al.,2020;Webster et al.,2018),特别是在农业领域,热红外影像可以有效地感知水分亏缺(Amani et al.,1996;ElMasry et al.,2020;Gerhards et al.,2019;Maes et al,2012),非常有利于农田作物水分管理和制定灌溉制度。蒸散发是土壤和植被中的液态水转化成气态水到达大气中的过程,水从液态转化为气态需要消耗能量,蒸散发消耗能量的过程直接体现在土壤和植株表面温度的下降。为此,在 20 世纪 60 年代就有研究利用冠层表面温度评价植株水势和植株健康状态,如 20 世纪 80 年代初期 Hatfield 通过试验发现,大豆冠层温度与空气中温度之间的关系受到土壤中可利用水分的影响,在 65% 土壤可利用水分消耗后,植株冠层叶表面温度将高于气温;此外,叶水势达到 -1.1 MPa 时同样出现植株叶表面温度高于气温的现象,为此消耗 65% 的土壤可利用水分或叶水势达到 -1.1 MPa 视为植株水分亏缺基线,用于指导灌溉(Hatfield,1983),此研究很早就提出了土壤可利用水分消耗 65% 叶面温度高于气温的灌溉指导线,但没有说清楚,一天具体哪个时段还是一天一直存在这种现象。这些先驱的研究发现冠层温度的测量受大量气象因素和植株特征的影响,往往很难实现精准大面积测量来实现田间水分的评估。直到 21 世纪初,热红外相机的研发及其在农业方面的应用,关于利用冠层表面温度的研究才开始逐渐增多,如针对灌溉制度的研究指出,特别是在非湿润气候环境下,基于热红外影像利用作物水分亏缺指数(CWSI)可以为作物制定灌溉制度提供有效的参考(Jones,2004)。又如,在墨西哥研究灌溉前后对不同基因型小麦冠层温度的变化发现,不同时间段灌溉对冠层温度下降幅度有一定的差异,冠层温度最高降幅达到 10 ℃,同时发现不同基因型小麦的产量和灌溉后温度下降幅度呈现很好的正相关关系,以此可以通过灌溉前后温度的变化差异筛选品种(Amani et al.,1996)。直到现在相关研究依然在进行(Maes et al,2012)。

随着科技的发展,热红外相机也在不断的更新发展,特别是在遥感领域,热红外遥感可以快速高效地提取作物冠层温度信息,卫星遥感存在分辨率低、获取影像不及时等问题,而手持式光谱相机又无法获取田间大面积作物冠层空间分布光谱特征。为此,无人机携带热红外光谱相机开展田间信息感知弥补了卫星遥感与田间测量的不足(Berni et al.,2009)。如相关研究利用无人机携带热红外和多光谱相机监测冠层叶水势、气孔开度与温度及相关植被指数的关系,发现冠层温度能及时反映冠层气孔开度和叶水势在短时间内的响应,归一化植被指数(NDVI)等相关植被指数则能反映冠层叶水势的长时间累积响应(Baluja et al.,2012)。此外,利用无人机携带热红外影像获取冠层气温,结合冠层同步测量温度数据进行校正获取苹果园区整体温度空间分布信息,研究亏缺灌溉与充分灌溉情境下苹果冠层温度的差异,反演苹果水分胁迫,发现亏缺灌溉条件下冠层温度比充分灌溉条件下温度高,而且冠层温度与土壤水势有一定的相关性(Gómez-Candón et al.,2016)。国内西北农林科技大学韩文霆团队利用无人机平台开展农田水肥管理相对较早,如张智韬等开展了热红外影像剔除背景研究(张智韬等,2018;张智韬等,2019),其中利用二值化 Ostu 算法和 Canny 边缘检测算法对热红外影像进行提取棉花冠层热红外信息,剔除了土壤等背景的影像,拟合了热红外与水分胁迫包括与气孔开度的关系,发现 Canny 边缘检测算法剔除背景后的作物水分亏缺指数(CWSI)与叶片的气孔导度拟合关系更好(Bian et al.,2019;张智韬等,2018),并且研究中还一天采集了 3 个时间段的影像数据对比分析,发现 13 时采集的影像与作物水分亏缺相关性最显著,同时涉及了冠层温度空间分布的差异会导致田间潜热和显热通量都发生变化,较 FAO 56 推荐使用的计算蒸散发(ET)Penman-Monteith 公式中使用的平均气温在大田的空间分布方面前进了一大步;此外,他们利用无人机冠层温度影像数据,获取 CWSI 中冠层温度及干湿温度(T_{dry}/T_{wet}),为 CWSI 的计算提供了一种简单准确可行的方法(Bian et al.,2019)。中国林业科学研究院张劲团队利用热红外影像评估了核桃树土壤水分情况,采用了像素灰度分离的方法提取冠层温度,发现 40~60 cm 土壤深度的土壤水分与冠层温度变化相关性较好(孙圣等,2018)。利用无人机搭载热红外相机平台,可以有效获取大田冠层温度空间分布(Costa et al.),通过冠层温度与叶水势以及大气水汽压的相关关系,计算得到作物水分亏缺指数(CWSI)空间分布图(Bellvert et al.,2014),精准计算大田蒸散发空间分布,评估大田作物精准需水空间特征,为精准灌溉反演灌溉处方图提供了有效途径,为此冠层温度及 CWSI 在获取精准灌溉处方图中扮演十分重要的角色。

关于作物水分亏缺,最早出现在(Jackson et al.,1977)和(Idso et al.,1977)的文章中,用冠层温度与气温温度差 $T_{leaf} - T_{air} > 0$ 的胁迫程度天数(stress degree day,SDD)作为判断水分胁迫的指标。后面研究改进了 SDD 出现了作物水分亏缺指数(Jackson et al.,1981):

$$CWSI = \frac{T_{leaf} - T_{wet}}{T_{dry} - T_{wet}} \qquad (1\text{-}1)$$

式中:T_{leaf} 为叶片温度;T_{wet} 为叶片没有水分胁迫充足供水的叶片温度(亦可认为区域内叶片的最低温度);T_{dry} 为水分胁迫气孔全部关闭没有腾发的叶片温度。

从式(1-1)中可以看出,估算 T_{wet}、T_{dry} 是计算 CWSI 的核心,为了精准地获取 T_{wet}、T_{dry},后续的研究不断深入,考虑气象环境等因素计算 T_{wet}、T_{dry}。如(Jackson et al.,1988)将 CWSI 计算公式确定为

$$CWSI = \frac{(T_c - T_a) - (T_c - T_a)_{ll}}{(T_c - T_a)_{ul} - (T_c - T_a)_{ll}} \qquad (1\text{-}2)$$

式中:$(T_c - T_a)$ 为叶片与周围环境温差;$(T_c - T_a)_{ll}$ 为叶片和周围环境温差最低值;$(T_c - T_a)_{ul}$ 为叶片与周围环境温差最高值。

CWSI 的计算考虑了气象环境因素。T_{wet}、T_{dry} 可以通过 VPD(vapor pressure deficit)相关公式计算。此外,有研究针对 CWSI 采用了引进参考面温度(Ballester et al.,2013)计算 T_{wet}、T_{dry}。在后续的研究中为了简化提高 CWSI 的计算效果,分别分析对比了不同的简化计算公式效果,如以下 3 种公式(Poirier-Pocovi et al.,2020):

$$CWSI_1 = \frac{T_{dry} - T_L}{T_{dry}} \qquad (1\text{-}3)$$

$$CWSI_2 = \frac{T_{dry} - T_L}{T_{dry} - T_{wet}} \qquad (1\text{-}4)$$

$$CWSI_3 = \frac{T_L - T_{wet}}{T_{wet}} \qquad (1\text{-}5)$$

结果发现各自有其适用的特点。

此外,高精度时空分辨率热红外影像可以反演田间尺度 ET 处方图,利用 SEB 模型能获取田间尺度的水分状况(Anderson et al.,2007;Norman et al.,1995)。ET 是一个绝对值、物理值,但它需要分开成可以量化的根区土壤水分的散发(T)和植物表面叶水势蒸发(E)(Stahl et al.,2020)。通过热红外遥感的方式获取大田作物冠层温度空间分布,结合辐射的空间分布计算大田 ET 空间分布,如 Ellsäßer 等基于 QGIS3 平台开发 QWaterModel

模型,利用温度推导大气湍流运输的能量平衡方法(Timmermans et al.,2015),输入表面温度数据获取蒸散发空间分布(Ellsäßer et al.,2020),利用作物水分亏缺指数、大田作物 ET 空间分布,考虑土壤墒情和植被可获取灌溉处方图。

以上研究发现,无人机携带热红外相机遥感田间作物冠层,拓展了评估农田尺度冠层温度方式方法,可高效地获取农田作物水分空间分布特征。为此,无人机信息感知系统非常适合大型喷灌机运行平台控制尺度下的水分空间分布信息采集,有助于开展大型喷灌机灌溉喷洒尺度田间精准管理。

1.2.4　进一步需要研究内容

(1)大型喷灌机不同灌溉处理高效运行模式,喷灌机不同喷头组合水力性能参数以及组合运行效果,根据不同作物生理生长特征确定喷头及其喷灌机运行参数尚需进一步开展相应的试验研究及适宜性评价。

(2)随着现代信息技术的飞速发展,如何利用无人机光谱感知技术开展精准灌溉、智慧灌溉管理,特别是利用无人机信息感知技术获取的光谱遥感影像如何反演田间精准灌溉、智慧灌溉所需空间分布信息及其反演机制如何,急需开展相应的研究。

(3)光谱感知获取的作物生理生长特征指标,结合气象、土壤墒情等资料,如何快速高效地获取大田精准灌溉处方图,为精准灌溉、智慧灌溉提供最直接的灌溉数据支撑,需要开展相应的研究,确定不同的气候条件、不同的作物、不同的灌溉方式下的精准灌溉处方图,实现现代化农田灌溉精准高效管理。

1.3　研究方案

根据当前的大型喷灌机精准灌溉研究及应用现状,分析了大型喷灌机组精准变量灌溉的发展方向及精准管理信息感知平台发展趋势。基于目前国内大型喷灌机组运行管理现状,如何搭建精准化信息管理控制田间管理平台,以及灌溉后无人机信息感知田间作物信息提取反演方法是本书重点关注及研究的内容。

1.3.1　研究目标

本书利用大型喷灌机组开展变量喷洒试验,大型喷灌机的运行参数通过田间机组实测运行获得,利用 MATLAB 及数据统计方法进行分析处理及模拟。利用无人机信息感知平台,携带多光谱、热红外、可见光相机,根据冬小麦不同的生育期定期制订飞行计划,采集田间尺度空间影像数据信息。同时,地面布设采样点采集相应的数据与无人机获取的空间信息数据进行校准验证。无人机携带信息采集相机获取的影像通过 Pix4D 和 ENVI 5.3 进行拼接和处理,获取的多光谱和热红外影像为 TIFF 格式,影像数据携带地理空间位置(POS)信息。具体研究目标有:

(1)大型平移式喷灌机组运行参数及喷洒叠加模拟。通过田间试验获取平移式喷灌机运行参数,明确运行速率与灌溉水量的关系;模拟喷头喷洒及其叠加效果,通过组合喷嘴变换确定变量喷洒效果。

（2）无人机信息感知平台提取作物株高、叶面积光谱反演方法。利用无人机采集信息平台，根据不同光谱影像数据融合，提取作物冠层信息，探索多光谱相机采集多光谱影像数据的同时提取株高和叶面积的效果及方法。

（3）热红外影像感知灌溉前后冠层温度的变化及其反演土壤水分模型。通过无人机获取的影像分析不同灌溉处理对冬小麦的长势，构建土壤水分反演模型。

（4）构建基于无人机光谱信息感知农田精准灌溉处方图反演模型，利用光谱感知田间作物信息空间变异特征，反演精准灌溉处方图。

1.3.2 研究内容

根据以上研究目标，具体研究内容如下：

（1）实测大型喷灌机实测运行参数，根据灌溉需求调整大型喷灌机的运行参数，通过控制运行速率和喷头喷嘴的大小实现田间不同区域变量喷洒，建立运行速率与灌溉水量模型，通过模拟静态域叠加，以此来确定喷灌机喷头组合喷洒效果。

（2）利用无人机遥感影像点云提取农田冬小麦株高、叶面积及估算产量，通过数字表面模型（DSM）与数字地形模型（DTM）方法提取株高，提出高效精准株高叶面积及生物量估算方法并评估不同灌溉处理模式下对冬小麦的影响。

（3）利用光谱数据计算获取植被指数及水分指数，研究相关指数与土壤水分、冬小麦长势之间的敏感性关系，筛选灌溉敏感性指数，获得不同灌溉处理模式下土壤水分反演模型，进一步构建相关指数指导灌溉模型。

（4）通过相关敏感性植被指数与水分胁迫指数与土壤水分之间的关系，结合作物长势（株高、叶面积、冠层温度、地上生物量等）计算反演灌溉处方图，构建基于无人机信息感知的精准灌溉处方图反演模型。

1.3.3 技术路线

根据以上研究内容，制定研究技术路线（见图1-1）。

首先，进行大型喷灌机喷头室内试验和大型喷灌机田间运行试验，室内试验采用辐射线采样的方式测量单喷头不同喷嘴、不同压力条件下的水量分布，采用MATLAB插值模拟单喷头喷洒以及多喷头喷洒静态组合。

根据冬小麦播种后不同生育期，定期开展无人机飞行计划，采集热红外、多光谱、可见光影像，无人机影像的采集结合地面试验数据采集及灌溉等试验活动同步，多光谱可见光影像通过Pix4Dmapper 4.4.12进行拼接处理，热红外采用Pix4Dmapper 4.4.5进行拼接处理。借助ENVI 5.3进行数据处理和分析，主要进行数据掩膜剔除相关背景，提取冬小麦植株进行相关植被指数、水分亏缺指数计算，以及提取植株株高和叶面积指数进行土壤水分的反演，进一步估算冬小麦地上生物量，进行不同灌溉处理后产量估算。

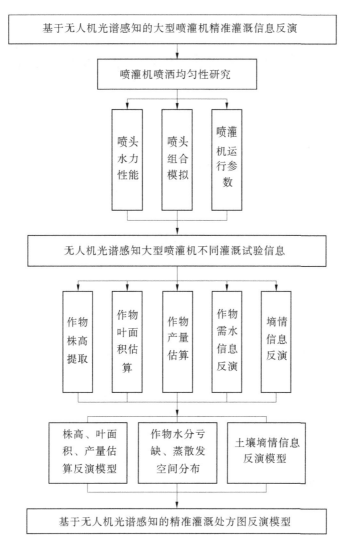

图 1-1　技术路线

最后,研究并实现基于无人机信息感知的农田精准灌溉信息快速采集及流程化处理,根据反演作物长势及水分胁迫处方图,构建精准灌溉处方图反演模型,结合灌溉技术及其灌溉控制需求反演不同尺度灌溉处方图。

第 2 章　平移式喷灌机喷洒均匀性研究

　　本书针对国产大型平移式喷灌机(德邦大为,三跨共 165 m),进行大型平移式喷灌机喷洒均匀性研究。本章平移式喷灌机喷洒均匀性研究采用室内外试验,室内测量喷头的水力性能,室外针对平移式喷灌机测试了喷灌机运行速率、喷洒强度、选配喷头性能等。其中,喷头性能包括单喷头压力流量关系、喷洒水量分布、组合水量分布等。

2.1　喷头性能测试

2.1.1　材料与方法

2.1.1.1　喷头喷洒试验系统

　　喷头喷洒试验系统主要有潜水泵、阀门、输水管、涡轮流量计、压力表、喷头和雨量筒等。试验在水利部节水灌溉设备质量检测中心大厅进行,试验程序和方法参照《美国农业工程师学会喷灌分布测试标准》(USA, 2002),试验喷头为 Nelson R3000 和 O3000 低压旋转喷头。参考喷灌机喷头高度,试验喷头距地面高 1.8 m。喷头连接压力调节器,试验用 22 号喷嘴,内径 4.7 mm,喷头正常工作压力为 0.1 kPa。雨量筒直径 10 cm、高 15 cm,试验在大厅内无风条件下进行。雨量筒以喷头垂下地面位置为中心辐射径向布置,布置8 条辐射线,雨量筒间距为 0.5 m。图 2-1、图 2-2 分别为雨量筒布置示意图与喷头试验系统示意图。

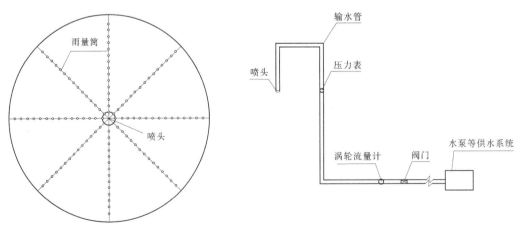

图 2-1　雨量筒布置示意图　　　　　　图 2-2　喷头试验系统示意图

2.1.1.2　均匀度计算

　　根据单喷头和组合喷头组合方式及其组合间距,选用克里斯琴森均匀度计算喷头组

合均匀度(韩文霆等, 2005;严海军, 2005;严海军等, 2004),计算公式为

$$C_U = (1 - \frac{\sum\limits_{i=1}^{n} |h_i - \bar{h}|}{\sum\limits_{i=1}^{n} h_i}) \times 100\% \tag{2-1}$$

式中:C_U 为克里斯琴森均匀度,亦为组合均匀系数(%);h_i 为第 i 个测点的降水深,mm;$\bar{h}$ 为喷洒面积上各测点平均降水深,mm;n 为测点数目。

对于径向布置的雨量筒喷洒试验,需用不同计算方法将实测径向降水深数据转换为网格点的降水深,然后计算 C_U。一般是根据喷头不同的组合方式和组合间距,通过二维插值,将单喷头圆形喷洒域的水量分布试验数据转换为多喷头组合的网格型数据,然后按照均匀度的计算方法求得多喷头组合均匀度。

Hart 和 Reynolds 提出了 D_U 的概念(韩文霆等, 2014;李久生等, 1999),其定义为

$$D_U = \frac{\bar{x}'}{\bar{x}} \times 100\% \tag{2-2}$$

式中:D_U 为分布均匀系数(%);$\bar{x}$ 为平均灌水深度;$\bar{x}'$ 为大小排列的灌水深度低值的 $n/4$ 个测点水深的平均值。

$$\bar{x} = \frac{1}{n} \sum_{i=1}^{n} x_i \tag{2-3}$$

式中:x_i 为第 i 个测点的水深。

如果田间绝大多数测点水深与平均值接近,个别测点水深与平均值偏差较大甚至为 0(漏喷),则 C_U 难以反映这种情况,可用 D_U 克服 C_U 描述水量分布均匀性时的上述缺点,美国农业部推荐采用 D_U 来描述水量分布的均匀性(韩文霆等, 2013)。

2.1.2　测试结果

2.1.2.1　喷头喷洒均匀性

对试验测试的两种喷头(Nelson R3000 和 O3000)设置同样的 6 组试验测量压力 50~300 kPa,步长 50 kPa 进行试验,结果如图 2-3 所示。R3000 喷头 C_U 均值为 68.79%、D_U 均值为 50.82%,C_U 和 D_U 的标准差(standard deviation,SD)分别为 9.18%、8.18%。喷头压力在 50~150 kPa,C_U、D_U 随着压力增大而增大;当压力超过 150 kPa 后,随着压力增大,C_U、D_U 逐渐下降;C_U 和 D_U 变化趋势一致,C_U 波动幅度较 D_U 稍大。说明 R3000 喷头在试验中运行压力为 150 kPa 时,喷洒效果最好。O3000 喷头 C_U 均值为 65.33%、D_U 均值为 55.69%,C_U 和 D_U 的 SD 分别为 3.65%、5.22%。喷头压力在 50~200 kPa,C_U、D_U 随着压力增大而增大;当压力超过 200 kPa 后,随着压力增大,C_U、D_U 逐渐下降;C_U 和 D_U 变化趋势基本一致,D_U 变化幅度较 C_U 大。说明 O3000 喷头在试验中压力为 200 kPa 时,均匀性最好。两种喷头对比发现,在压力 50~300 kPa,C_U 均值以 R3000 喷头(68.79%)> O3000 喷头(65.33%),R3000 喷头的喷洒均匀性好一点;而 D_U 均值以 R3000 喷头(50.82%)<O3000 喷头(55.69%),说明空间分布均匀性 O3000 喷头较 R3000 喷头好。

根据标准差分析发现,压力在 50~300 kPa 时,O3000 喷头的 C_U 和 D_U 较 R3000 喷头稳定。

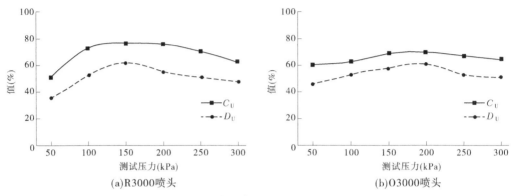

(a)R3000喷头 　　　　　　　　　　　　　　(b)O3000喷头

图 2-3　测试压力下喷头的分布均匀系数(D_U)和组合均匀系数(C_U)

2.1.2.2　水量分布

表 2-1 为两种喷头在 150 kPa 下至喷头不同距离径向布置雨量筒的实测降水深均值数据。表 2-1 中的第 1 行数据为喷头正下方的降水深。采用 MATLAB 编程对喷头喷洒强度进行插值处理,在编程插值中喷头的喷洒半径为实测数据,R3000 喷头和 O3000 喷头的喷洒半径分别为 7.5 m 和 8.0 m。采用 3 次样条插值,在无风条件下两种喷头的水量分布情况如图 2-4 所示。从表 2-1 和图 2-4 可看出,R3000 喷头喷洒水量在距喷头 2.0 m 和 4.5 m 左右分布最多。O3000 喷头在周围 1.0 m 内水量比较多,其次是在 5.0~6.5 m 范围内分布较多。

表 2-1　两种喷头在 150 kPa 下至喷头不同距离径向布置雨量筒的实测降水深均值数据

至喷头距离	不同喷头类型的喷洒水深(mm)	
(m)	R3000 喷头	O3000 喷头
0	4.6	8.3
0.5	5.9	9.1
1.0	6.0	5.1
1.5	6.4	3.4
2.0	6.7	3.0
2.5	6.6	3.1
3.0	5.6	3.3
3.5	6.3	3.8
4.0	6.3	4.2
4.5	6.7	4.9
5.0	5.3	5.3
5.5	3.8	4.9
6.0	2.6	5.0
6.5	0.9	5.3
7.0	1.9	3.8

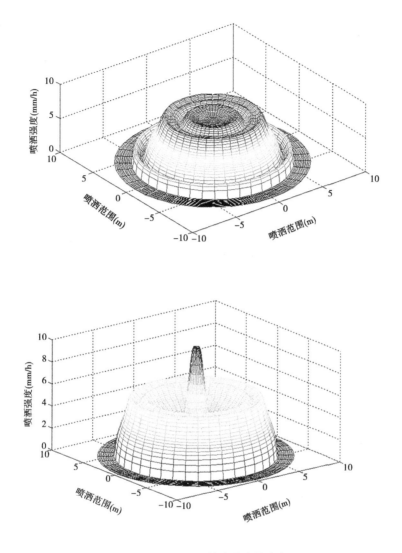

图 2-4　150 kPa 下单喷头水量分布

2.1.2.3　喷嘴的压力流量关系

试验测试不同型号喷嘴的压力流量时,喷头安装 NELSON FNPT X FNPT 压力调节器,测量不同型号喷嘴压力流量关系见图 2-5。在同一压力下,流量随着喷嘴的变大逐渐变大。同一型号喷嘴,喷嘴型号在 35 号前,当压力逐渐增大时,流量变化量平均在 5% 左右,流量变化不大;当喷嘴型号大于 35 号时,压力增大,喷嘴型号越大,流量随压力变大而变大越显著。喷灌机用喷头型号一般在 20~28 号,从图 2-5 中可以看出,当压力达到正常工作压力后,通过压力调节器的作用,压力对流量的影响比较小。20~28 号喷嘴正常工作压力下,流量在 0.6~1.2 m³/h。数据表明,在 NELSON FNPT X FNPT 压力调节器下,对 35 号以下的喷嘴,压力调节器的调节作用非常显著,压力调节器工作稳定,不同压力对流量的影响很小;对 35 号以上的喷嘴,此压力调节器调节效果不好,无法实现喷头在不同压力时稳定喷洒、调节压力控制流量的目的。

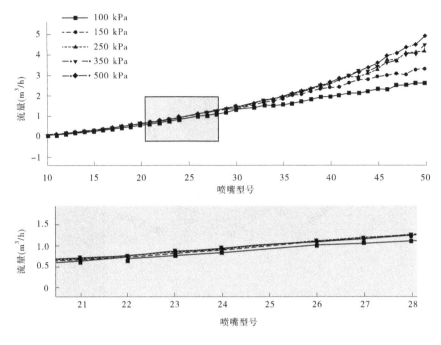

图 2-5　不同型号喷嘴压力流量关系

2.2　喷灌机运行参数

喷灌机安装在中国农业科学院新乡综合试验基地,控制面积 50 亩,采用平移式行走喷洒模式。平移式喷灌机导向机构固定在供水渠道一侧,喷灌机由导向机构控制沿着渠道来回行走开展喷洒作业。水力性能测试在 2017 年 3~4 月进行,主要测试了喷灌机运行速率、喷洒水深以及水量分布情况。

2.2.1　喷灌机运行速率

喷灌机百分速率对应的喷灌机运行速率见图 2-6,对测量的数据进行线性拟合,发现速率与百分率关系为:$y=1.58x-3.1089, x \in [10,100], R^2 = 0.984$。图 2-6 中显示百分速率在 70%~80% 时,测量几组值波动范围较大,对拟合的线性关系有一定的影响。其他几组测量的数据,变化不大,比较理想,体现了百分速率与真实喷灌机运行速率呈正相关关系。此喷灌机最大运行速率为 159.3 m/h,当百分速率盘指针为 50% 时,运行速率在 77.76 m/h,说明线性关系显著。

2.2.2　喷灌机喷洒水深

不同运行速率下喷头采用装机配备的 22 号喷嘴,田间试验测量的喷洒水深变化如图 2-7 所示,百分速率在 20% 时,喷洒水深 8.21 mm;百分速率在 40% 时,喷洒水深 3.82

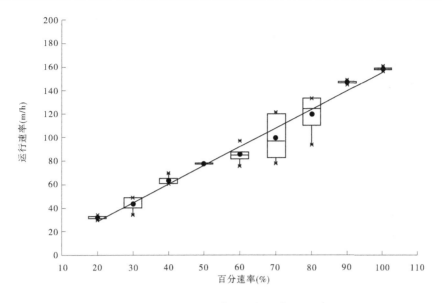

图 2-6　喷灌机运行速率

mm;百分速率在 60% 时,喷洒水深 2.82 mm;百分速率在 80% 时,喷洒水深 1.80 mm;百分速率 100% 时,喷洒水深 1.67 mm。百分速率 32.2 ~ 158.6 m/h,喷洒水深变化范围在 1.67 ~ 8.21 mm。数据显示,运行速率越快,标准差越低,说明此喷灌机在运行速率快时喷洒水量波动变化较运行速率慢时小。

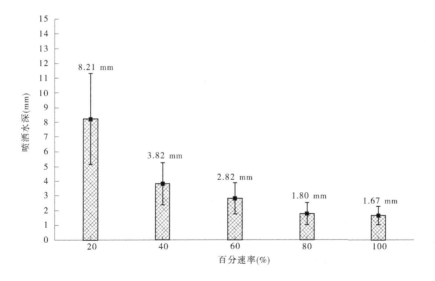

图 2-7　运行速率下喷灌强度

此外,试验安排不同的喷嘴喷洒实现变量灌溉情境下的喷灌机喷洒情况,应用了 3 种 Nelson 喷嘴:23 号、17 号、19 号。每种喷嘴的喷头各 17 个,覆盖喷灌机一跨,实现了喷灌机在统一行走灌溉的条件下,不同的覆盖面积下同步变量灌溉。喷灌机不同运行速率下的不同喷嘴的喷洒灌溉强度见图 2-8。3 种喷嘴在喷灌机不同运行速率下,存在显著的喷洒水量差异,如图 2-8 所示,喷灌机速率为 10% 时,23 号喷嘴的喷洒水深为 17.2 mm,17号喷嘴的喷洒水深为 9.3 mm,19 号喷嘴的喷洒水深为 11.8 mm。根据灌溉的需求,可以适当地调整喷灌机的运行速率以满足灌水量的需求。不同的运行速率下,3 种喷嘴喷洒水量具有相同的趋势,数据显示随喷灌机运行速率的增大,灌溉水量呈 $y = a \cdot x^b$ 幂函数趋势下降,3 种喷嘴喷洒情况非常稳定。

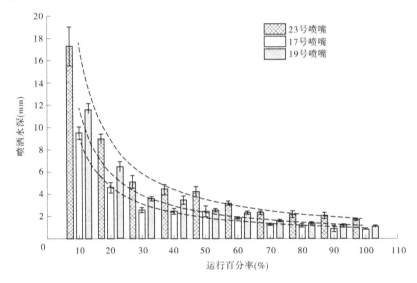

图 2-8　喷灌机不同运行速率下 3 种喷嘴喷洒喷灌强度

2.3　喷头喷洒组合模拟

2.3.1　两喷头喷洒模拟

采用 MATLAB 插值后,将极坐标转化到直角坐标系,找出喷水的部分,计算得到两喷头组合的 C_U、D_U 及平均喷灌强度(mean spraying intensity,MSI)。图 2-9(a)为 2 个 R3000 喷头组合 C_U、D_U 和 MSI,可以看出,两喷头间距在 1~8 m,C_U 总体呈先降低后增高趋势,拐点在两喷头间距为 4.5 m 的地方。组合后的最大值在两喷头间距为 1 m 时,C_U 为77%;4.5 m 时 C_U 最低,为 63%。两喷头间距在 1~5.5 m,组合后 D_U 小于 60%,间距 6~8 m D_U 超过 60%。MSI 随着两喷头间距增大,逐渐减小。图 2-9(b)为 2 个 O3000 喷头组合后的 C_U、D_U 和 MSI,可以看出,两喷头间距在 1~7 m,C_U 总体呈逐渐减小趋势,直到6.5 m 处出现拐点,拐点后上升趋势较平缓。组合后的最大值在两喷头间距为 1 m 时,C_U为 74%;4.5 m 时 C_U 最低,为 66.8%。两喷头不同间距组合后 D_U 呈现一定波动变化,波动范围在 54%~60%,间距 2.5 m D_U 最小,为 54%。MSI 随着两喷头间距增大,逐渐减小。

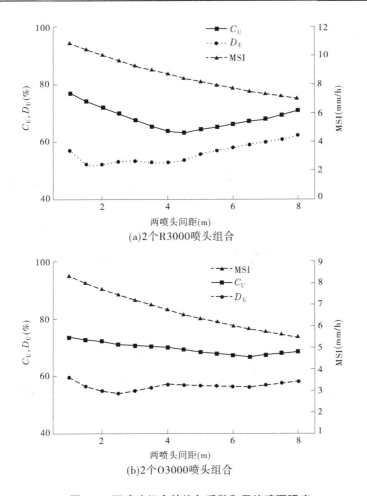

图 2-9　两喷头组合的均匀系数和平均喷洒强度

图 2-10 为两喷头 1 m、3 m、7 m 组合喷洒强度分布情况,随着间距的变大,两喷头间的叠加部分在不断的减少、喷洒范围在逐渐增大。

2.3.2　多喷头喷洒模拟

采用 MATLAB 插值后,将极坐标转化到直角坐标系,找出喷水的部分,进行分析计算得到多喷头组合 C_U、D_U、MSI 和喷洒范围(spraying range,SR)。可以看出 [见图 2-11 (a)],R3000 喷头间距在 1～6 m,C_U 总体呈上升趋势,6 m 后略下降。组合后的最大值出现在两喷头 6 m 间距时,C_U 为 68%;喷头间距 1 m 时,C_U 最低 51%。多喷头组合 D_U 随着喷头间距的增大,呈现逐渐上升趋势,变化区间为 28%～58%,间距 6 m D_U 超过 50%。多喷头等间距组合情况下,SR 与喷头间距(x)呈线性相关,喷头间距 $x \in [1～8 \text{ m}]$,喷洒范围 SR $\in [24～89 \text{ m}]$。对 MSI 趋势进行拟合得到,MSI 与喷头组合间距存在指数函数关系,$x \in [1～7.5 \text{ m}]$,在喷头间距为 3 m 左右,MSI 与 SR 2 条线有交叉,此点喷头间距是当前平移式喷灌机常用喷头组合间距。

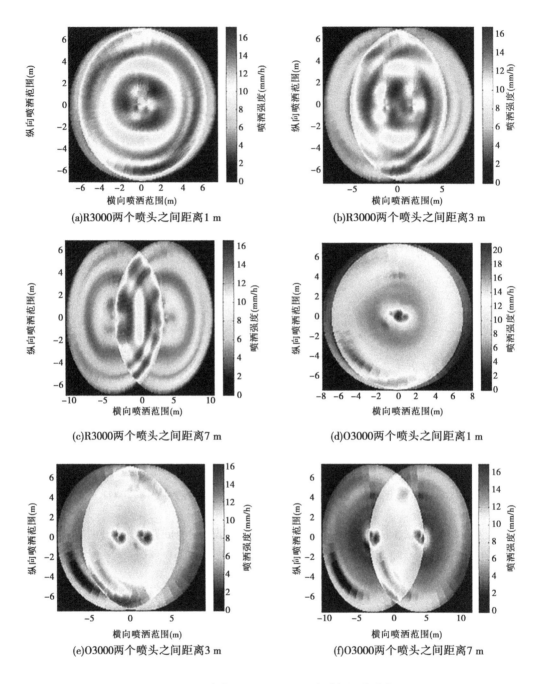

图 2-10　两喷头 1 m、3 m、7 m 组合喷洒强度分布

O3000 多喷头组合情况 C_U、D_U、MSI、SR 如图 2-11(b)所示,可以看出,喷头间距在 1~8 m,C_U、D_U 总体呈递增趋势,在 5.5 m 时 C_U 略下降。C_U、D_U 组合后的最大值都出现在喷头 7 m 间距时,C_U 为 72 %,D_U 为 57%;喷头间距 1 m 时,C_U、D_U 最低,分别为 55%、31%。多喷头等间距组合情况下,SR 与 x 呈线性相关,$x \in [1 \sim 8\ \mathrm{m}]$,$\mathrm{SR} \in [25 \sim 95\ \mathrm{m}]$。

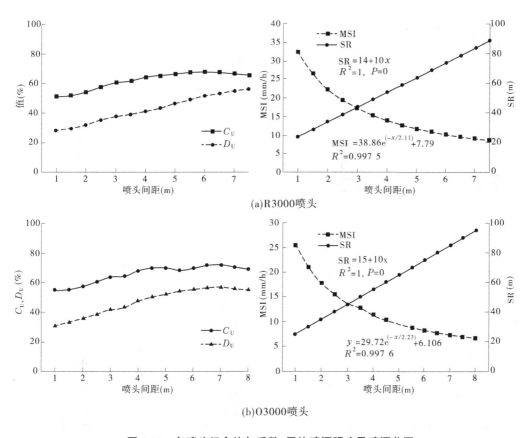

(a)R3000喷头

(b)O3000喷头

图 2-11　多喷头组合均匀系数、平均喷洒强度及喷洒范围

对 MSI 趋势进行拟合得到,MSI 与喷头组合间距存在指数函数关系,$x \in [1 \sim 8\text{ m}]$。在喷头间距为 3 m 时,MSI 与 SR 2 条线有交叉,此点喷头间距是当前平移式喷灌机常用喷头组合间距。

图 2-12 为多喷头 1 m、3 m、7 m 组合喷洒强度分布。

2.3.3　多喷头喷洒叠加域分析

采用 MATLAB 提取出喷头喷洒叠加区域,计算得到 R3000 的多喷头组合叠加域 C_U、D_U 和 MSI,如图 2-13(a)所示。随着喷头间距不断变大,C_U、D_U 呈现逐渐增高趋势。在喷头间距为 6 m 时,C_U 达到喷灌工程规范中规定的行喷均匀度 85%、D_U 为 77%。喷头间距在 3.5 m 后,D_U 超过 65%。MSI 随着喷头间距的增大而减小,呈现指数函数关系:MSI = $36.53x^{-0.57}$($R^2 = 0.993$),$x \in [1 \sim 7.5\text{ m}]$。提取叠加部分的 MSI 分布见图 2-13(a),叠加部分随着喷头间距的变大,3 个以上的喷头喷洒重复叠加的区域在逐渐减小,同时,整个喷洒叠加区域在不断的增大。

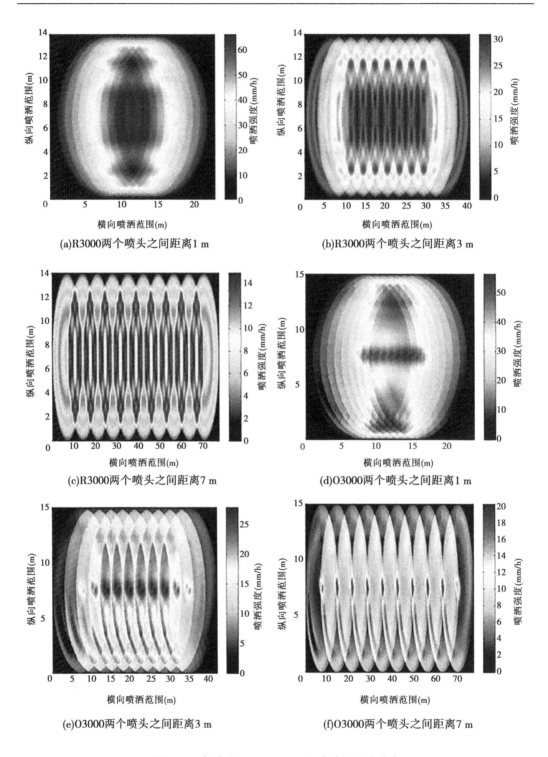

(a)R3000两个喷头之间距离1 m

(b)R3000两个喷头之间距离3 m

(c)R3000两个喷头之间距离7 m

(d)O3000两个喷头之间距离1 m

(e)O3000两个喷头之间距离3 m

(f)O3000两个喷头之间距离7 m

图2-12　多喷头1 m、3 m、7 m组合喷洒强度分布

O3000 的多喷头组合叠加部分 C_U、D_U 和 MSI 如图 2-13(b)所示。喷头间距在 1~4.5 m,组合间距变大,C_U、D_U 呈现逐渐增高趋势,4.5 m 时出现 1 个峰,此时 $C_U = 81.4\%$、$D_U = 71.4\%$。在喷头间距为 5.5 m 时,C_U、D_U 出现局部低值,分别为 80%、67.8%。此后,喷头间距增大,C_U、D_U 逐渐增大。MSI 随着喷头间距的增大而减小,呈现 $MSI = 29.42x^{-0.6}$ ($R^2 = 0.993$),$x \in [1 \sim 8\ m]$。从图 2-13 中可以清晰地看出,O3000 和 R3000 的多喷头组合叠加后叠加域的面积变化趋势基本一致,但 MSI 存在一定的差异,O3000 的多喷头组合叠加 MSI 分布在均匀性上比 R3000 的多喷头组合叠加的更均匀些。

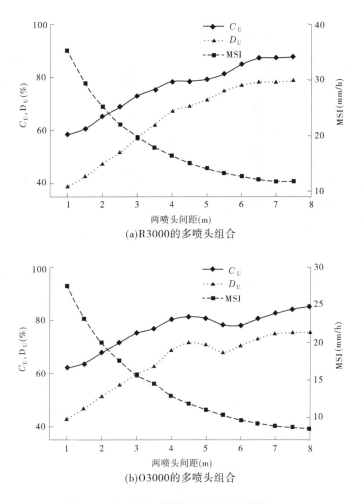

(a)R3000的多喷头组合

(b)O3000的多喷头组合

图 2-13　多喷头组合叠加部分均匀系数和 MSI

图 2-14 为多喷头 1 m、3 m、7 m 组合叠加部分喷洒强度分布。

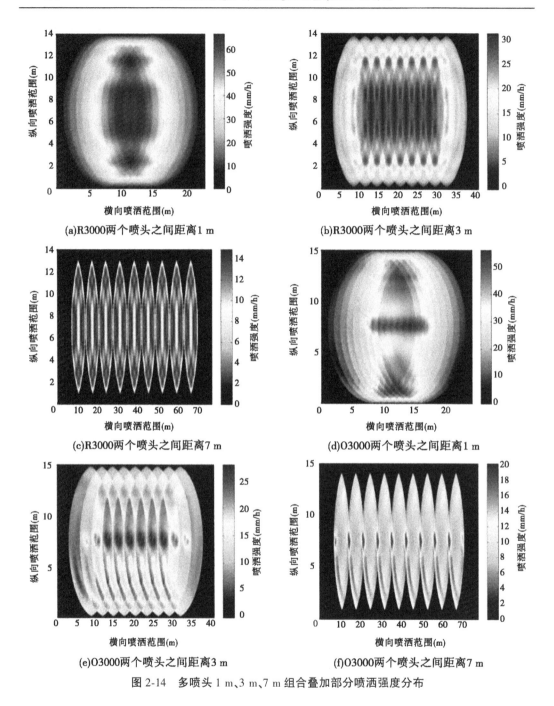

(a)R3000两个喷头之间距离1 m

(b)R3000两个喷头之间距离3 m

(c)R3000两个喷头之间距离7 m

(d)O3000两个喷头之间距离1 m

(e)O3000两个喷头之间距离3 m

(f)O3000两个喷头之间距离7 m

图 2-14　多喷头 1 m、3 m、7 m 组合叠加部分喷洒强度分布

2.4　分析与讨论

在 MATLAB 软件中采用两次插值的方法,得到单喷头喷洒分布,插值的思路与前人

研究(Evans et al., 1995；韩文霆等, 2013；李永冲等, 2013；朱兴业等, 2013)一致。多喷头组合模拟数据采用室内试验多条辐射线上的数据,非单独一条线的数据,参考了 Evans 等做法(Mohamed H. Abd El-wahed, 2015)。结果发现,Nelson R3000 喷头和 O3000 喷头在安装压力调节器条件下,测试压力在 50~300 kPa,R3000 喷头和 O3000 喷头分别在压力 150 kPa 和 200 kPa 时,C_U、D_U 达到最优,这与巩兴晖(2014)、Evans 等结论相近。本书发现,两喷头组合由于喷头间距的调整导致喷头的喷洒叠加范围在不断的变化,重合率随着组合间距的变大而减小,两喷头组合均匀度出现"V"形变化趋势。大型喷灌机用折射式喷头两两组合无法体现其在喷灌机上的组合效果,需通过多喷头组合展现喷灌机的喷头组合特性。

多喷头组合后发现,组合间距在 1.9 m、2.9 m 处,组合均匀度 C_U、D_U 并不最优,这也是印证了国内喷灌机的生产是根据桁架的长度和主管的管径(输水量)确定喷头的组合间距。组合间距不同,均匀度亦不同,当前主要测试和模拟大型喷灌机喷洒均匀度的方法为田间雨量筒测试法,经过加权计算出均匀度,以此为评价大型喷灌机的依据(Moreno et al., 2012；Ouazaa et al., 2015)。本书借鉴了这些研究方法,用多条辐射线上的点数据模拟单喷头喷洒数据,以此为基础叠加出多喷头的组合喷洒情况。多喷头组合均匀度的计算采用叠加后的数据计算得到,数据量大,涵盖所有变化情况,与只通过测量喷灌机喷洒 1 条辐射线上的几个点数据不同。本书组合后的均匀度值较他人(Valín et al., 2012)的研究计算值低,分析原因发现:①本书程序插值计算的水深点密度太大,是常规测量 C_U、D_U 值所用数据点的数万倍,数据点多,涵盖喷洒域全部变化情况,是导致计算的 C_U、D_U 值偏低的重要原因之一;②本书采用的单喷头数据为 8 条辐射线上点数据,而非旋转式喷头常采用的 1 条辐射线的数据,实测 8 条辐射线数据有很大的差异性以及通过 8 条辐射线的数据计算得到单喷头喷洒均匀性不高,也是导致模拟后计算多喷头组合 C_U、D_U 值偏低的重要原因;③本书模拟计算了喷灌机的静态喷洒叠加,喷洒域内有的点有单喷头喷洒点、两喷头叠加点、三喷头叠加点和四喷头叠加点,这些点数据存在很大的差异,亦是出现 C_U、D_U 值偏低的原因之一;④利用单喷头数据组合叠加出多喷头数据,与真实的喷洒叠加存在差异,真实喷头水滴叠加存在相互碰撞、水滴再分布现象。

本书针对多喷头组合的 C_U、D_U 和 MSI 的计算,进行了全喷洒域与叠加域的对比计算,发现叠加域的 C_U、D_U 和 MSI 值在相同喷头间距时高于全喷洒域,这与事实相符。随着喷头间距不断增大,全喷洒域面积有所增加,叠加域面积存在先变大后变小现象,还需要模拟计算进一步明确具体的变化过程,但 MSI 在全喷洒域和叠加域均不断减小。现实测量评价大型喷灌机的 C_U、D_U 时,采用的雨量筒测量法,放置雨量筒的点都在喷头叠加域内,只能反映静态叠加域内几个点值,无法完全反映整个喷洒域及其叠加域内情况。在未来的研究中,将进一步结合大型喷灌机的田间实测情况,考虑喷灌机的运行速率的变化,进一步分析模拟喷灌机的喷洒效果,以及考虑雨滴的大小与蒸散发的关系做更深一步的研究。

2.5　本章小结

安装压力调节器,在 50~300 kPa(步长 50 kPa),6 组试验测量压力下,压力 150 kPa 时,R3000 喷头喷洒半径为 7.5 m,单喷头 C_U、D_U 最大为 76.7%、62.0%。在压力 200 kPa 时,O3000 喷头喷洒半径为 8 m 左右,C_U、D_U 最大为 69.8%、60.9%。

两喷头组合由于喷头间距的调整导致喷头的喷洒叠加范围在不断的变化,重合率随着组合间距的变大而减小,两喷头组合均匀度出现"V"形变化趋势。大型喷灌机用折射式喷头两两组合无法体现其在喷灌机上的组合效果,需通过多喷头组合展现喷灌机的喷头组合特性。

多喷头组合发现,计算并比较叠加域和全喷洒域的 C_U、D_U 值,叠加域的值更高,现实测量喷灌机的喷洒均匀度用雨量筒法测量的值基本为叠加域中的值。全喷洒域计算出的 C_U、D_U 及 MSI 更能代表大型喷灌机的真实喷洒效果。

本章区分喷灌机的全喷洒域与叠加域,而计算得到的 C_U、D_U 值较其他研究偏低的原因在于采用 8 条辐射线上的点数据插值叠加,而非常用的单条辐射线上的点数据插值叠加;叠加计算数据点多,涵盖全部变化情况;此外,缺少了真实喷洒情境下不同喷头喷洒水滴相互碰撞再分布的情况。

喷灌机运行速率为 32.2~158.6 m/h。根据灌溉的需求,可以适当地调整喷灌机的运行速率以满足灌水量的需求。不同的速率运行下,不同喷嘴喷洒水量具有相同的趋势,数据显示喷灌机运行速率的增大,灌溉水量呈 $y = a \cdot x^b$ 幂函数趋势下降,试验中采用 3 种喷嘴喷洒情况非常稳定。

第 3 章　光谱感知土壤水分变异方法

现代农业的发展逐步走向信息化、智能化,信息化、智能化的核心是田间信息数据。随着科技的发展,农业信息数据的获取手段不断的丰富,从田间传感器到卫星遥感,实现了田间的点数据到面数据的不同尺度的全覆盖(Madugundu et al.,2018;Testa et al.,2018),为现代农业走向精准农业、智慧农业提供了数据支撑。目前,农业在种植和收获方面基本实现了精准播种和收割,而在作物种植的过程管理方面,特别是水肥管理方面尚未全面实现精准管理,而水肥管理贯穿作物生育期全过程,如何开展水肥精准管理是当前研究热点(Roth et al.,2018;Sui et al.,2018),也是现实生产管理中面临的难题。近年来,无人机低空遥感的推广及使用(Ishida et al.,2018;Jung et al.,2018;Li et al.,2018)获取的高分辨率遥感数据,特别适用于田间的精准管理。热红外遥感影像可以清晰地反演冠层的温度(García-Tejero et al.,2018;Li et al.,2018),很多研究表明,冠层温度在很大程度上反映了叶片需水信息,如何通过冠层温度计算的作物水分亏缺指数(CWSI)揭示作物旱情(García-Tejero et al.,2018;Gonzalez-Dugo et al.,2014;O'Shaughnessy et al.,2017),提高土壤水分反演精度,是需要进一步试验探讨的。一些研究(Moreira Barradas et al.,2018;Sui et al.,2018;Zhao et al.,2018a)表明,一些植被指数可以有效地揭示作物长势,一定程度上可以反演水肥信息,特别是在高光谱的应用方面,取得一定进展(Aasen et al.,2018;Cao et al.,2018;Ishida et al.,2018;Schmitter et al.,2017)。但是在可见光和多光谱应用上,水肥的精准反演都在探讨,缺乏足够的数据支撑。不同的水肥处理条件下,无人机高分辨率遥感数据特别是一些衡量土壤中水肥信息的指数变化情况,需要进一步探讨。本章在无人机遥感的基础上,重点研究不同的水肥处理情境下,通过无人机遥感获取的热红外、可见光、多光谱数据在水肥反演不同植被指数的敏感性问题,构建大田土壤水分的空间反演模型,指导大田精准灌溉。

3.1　材料与方法

3.1.1　试验设计

本试验在中国农业科学院新乡综合试验基地开展(见图 3-1),试验采用大型平移式喷灌机变量喷洒水肥,平移式喷灌机共三跨,每跨 49.5 m,采用 Nelson R3000 喷头,沿喷灌机桁架方向每一跨下面的喷头采用的喷嘴分别为 24 号、19 号、22 号,实现了沿跨体方向不同灌溉处理——3 个不同灌溉水平处理。试验设置 6 个不同的施肥处理,喷灌机每一跨覆盖面布置 6 个喷施氮肥处理,每个处理 4 个重复,共 24 个小区,小区规格 4 m×4 m,三跨共 72 个小区。试验拔节期到乳熟期利用大型喷灌机以 5%速率在 3 月 10 日和 3

月 28 日灌溉 2 次。

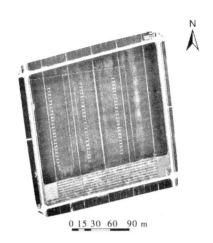

图 3-1　试验布置

施氮肥分四个时期进行,施肥量通过喷洒施肥速率来控制,分别在冬小麦的播种期(基肥)、返青期(运行速率 60%)、拔节期(运行速率 80%)、抽穗期(运行速率 100%)进行。不同处理及具体施氮浓度见表 3-1、表 3-2,其他肥料参考当地及相关文献资料统一施肥(Zhao et al. , 2018b)。

表 3-1　不同灌溉水平处理对应喷嘴型号和流量

灌溉水平处理	IT_{1X}	IT_{2X}	IT_{3X}
喷嘴型号	24	19	22
单喷头流量(m^3/h)	0.9	0.5	0.7

表 3-2　不同灌溉水平处理喷施氮肥浓度

施肥处理	FT_{X1}	FT_{X2}	FT_{X3}	FT_{X4}	FT_{X5}	FT_{X6}
氮肥浓度	0.05%	0.1%	0.2%	0.3%	0.4%	0.5%

3.1.2　数据采集

遥感影像的获取采用大疆公司(深圳)生产的 S1000 系列八旋翼无人机和精灵 4Pro 无人机信息采集系统,在 S1000 八旋翼无人机系统上安装了分辨率 640×512FLIR-TAU2 热红外相机和 Survey3(RGN)三波段相机。在试验小区内用黑白板设置 18 个地面控制点(ground control points,GCPs)均匀分布在 72 个小区中间。数据的采集包括无人机遥感影像和田间取样,根据不同的生育期和灌水开展情况,田间数据采样日期和飞行日期同步具体见表 3-3。飞行数据主要包括热红外影像、RGB 影像、RGN 影像,取样数据包含株高、叶面积、冠层温度、0~100 cm 土层深度的土壤含水量(soil water content,SWC)、地上生物量。

表 3-3　冬小麦生育期飞行日期和采样日期

飞行日期(年-月-日)	田间取样日期(年-月-日)	生育期
2019-03-09	2019-03-09	拔节期
2019-03-15	2019-03-15	拔节期
2019-03-26	2019-03-26	拔节期
2019-04-02	2019-04-02	抽穗期
2019-04-29	2019-04-29	开花期
2019-05-09	2019-05-09	乳熟期

影像数据主要是通过大疆 GSP 地面站规划航线自主飞行获取的,飞行高度 50 m 和 30 m,每次飞行采集数据的时间集中在 11 时至 14 时。

土壤水分的采集采用 Trime 管 TDR 测量和取土烘干法(3 月 16 日和 4 月 29 日)。株高和叶面积的监测在三个灌溉水平处理分别取 6 个小区测样,株高和叶面积采用米尺测量,测量为小区的对角线随意选取植株测量,叶面积采用叶片的长×宽×0.7。土壤中氮肥的测量采用紫外分光光度法测量硝态氮含量,取回的土样前处理振荡取上清液重复 3 次取均值作为样品硝态氮含量。

3.1.3　图像处理和数据分析

飞行获取的影像采取 Pix4D 软件(版本 4.1.12)拼接,RGB 图像采用大疆精灵 4Pro 自带相机获取的照片和 Survey3 多光谱相机获取的 RGN 图像自带 POS 信息,直接用 Pix4D 处理得到二维正射影像和数字表面模型(DSMs)。FLIR Tau2 热红外相机自身没有获取 POS 数据,影像采用独立的 POS 获取系统,POS 获取根据热红外定时拍照同步记录 POS 信息到 SD 卡,导出到 TXT 文本;FLIR Tau2 热红外相机拍摄的照片为 RAW 格式,经过 Maxlm 转换为 TIFF 格式,转换的图片和 POS 文本导入 Pix4D Mapper 中处理,处理后根据质量报告,加载相机优化参数,再重新配置相机参数和优化处理,直到质量报告参数合格。

Survey3 多光谱相机影像获取后每一组照片由一个 TIFF 格式和 RAW 格式两个组成,需要先处理和校准,通过 Survey3 相机提供的处理和校准流程进行,处理和校准后的图像可以直接导入 Pix4D 中拼接处理。具体影像处理流程如图 3-2 所示。

处理后的正射影 TIFF 格式影像分辨率热红外 3.4 cm、RGB 影像 0.9 cm、RGN 影像 2.3 cm,利用 ArcMap(10.2,Esri Inc, Redlands, USA)处理,提取每一个试验小区处理,然后计算相应的指数见表 3-4。

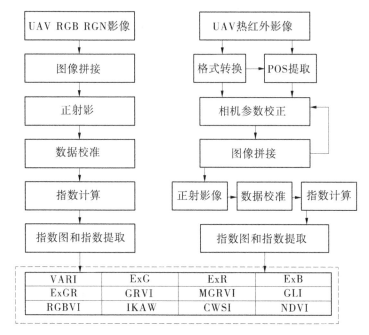

图 3-2　无人机影像处理流程

表 3-4　评价冬小麦长势及水肥信息的光谱指数

指数缩写	指数全称	公式
VARI	isible atmospherically resistant index	$VARI=(g+r-b)/(g+r-b)$
ExG	excess green index	$ExG=2g-r-b$
ExR	excess red vegetation index	$ExR=(1.4R-G)/(G+R+B)$
ExB	excess blue vegetation index	$ExB=(1.4B-G)/(G+R+B)$
ExGR	excess green minus excess red	$ExGR=ExG-ExR$
GRVI	green red vegetation index	$GRVI=(G-R)/(G+R)$
MGRVI	modified green red vegetation index	$MGRVI=(G^2-R^2)/(G^2+R^2)$
GLI	green leaf index	$GLI=(2g-r-b)/(-r-b)$
RGBVI	red green blue vegetation index	$RGBVI=(G^2-B\cdot R)/(G^2+B\cdot R)$
IKAW	kawashima index	$IKAW=(R-B)/(R+B)$
CWSI	crop water stress index	$CWSI=(T_{canopy}-T_{wet})/(T_{dry}-T_{wet})$
NDVI	normalized difference vegetation index	$NDVI=(NIR-red)/(NIR+red)$

3.2　结　果

3.2.1　灌水处理指数反演

　　三个灌溉水平处理条件下,株高、叶面积在拔节期后的生长发育趋势见图 3-3,试验在采集田间数据开始,株高呈现逐渐增高的趋势。试验跟踪测样发现株高从返青期到 4 月底达到峰值,不再增长,在 3 月内,小麦株高从 18 cm 长到 40 cm。三个灌溉水平处理结果显示,灌水亏缺得越多,对株高的影响越大,IT_2 灌水量最少,平均株高明显低于其他的两个处理,且三个灌溉水平处理条件下的株高很好地对应了灌水处理。数据显示同样在水分亏缺条件下,灌水越多冬小麦发育越好。

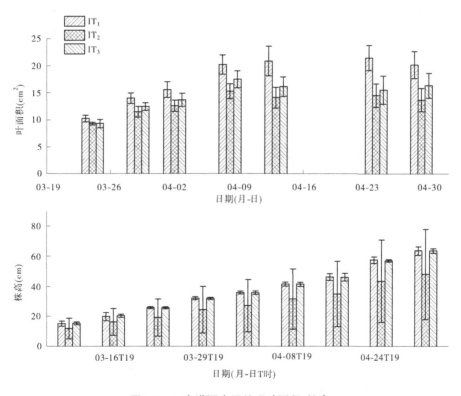

图 3-3　三个灌溉水平处理叶面积、株高

　　叶面积的数据显示,同样在水分亏缺条件下,灌水的多少直接影响了叶面积的生长发育,叶面积到 4 月 12 日左右逐步达到峰值,峰值 20 cm^2。与株高一样,在灌水存在梯度的情况下,叶面积也明显存在梯度。灌水量亏缺得越严重,对株高和叶面积的影响越大,水分亏缺条件下,灌水量对株高和叶面积的生长呈正相关。同样灌水处理条件下,叶面积较株高对水分更敏感。

　　两次灌水(3 月 10 日和 3 月 28 日)条件下,三个灌水处理温度变化。在 3 月 10 日拔节期第一次灌水,3 月 9 日测量飞行数据。测量的冠层温度,每个处理小区的平均气温及 CWSI 见图 3-4,IT_1、IT_2、IT_3 的冠层平均气温分别为 31.6 ℃、30.2 ℃、29.4 ℃;灌溉后,灌水量的不同对冠层温度及 CWSI 的影响显著,IT_1 处理采用 24 号喷嘴灌水量最多,其冠层温度及 CWSI 最低,IT_2 处理 19 号灌水喷嘴灌水量最少,冠层温度及 CWSI 最高。3 月 26 日,IT_2 灌水处理平均 CWSI 达到 0.57,超过 0.5 的干旱预警线,水分亏缺较严重。3 月 28 日喷灌机以 10% 速率灌水后,4 月 2 日采集的冠层温度及计算 CWSI 较 3 月 26 日下降,水分亏缺缓解,但三个灌水处理间的差异愈发显著。平均冠层温度与 CWSI 与土壤水分含量从灌水处理分区上看,呈一定的负相关关系。

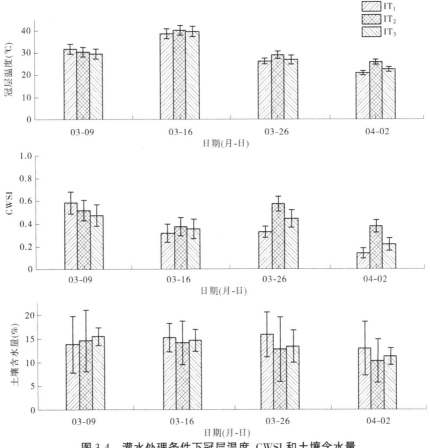

图 3-4　灌水处理条件下冠层温度、CWSI 和土壤含水量

图 3-4 为灌水处理条件下冠层温度、作物水分亏缺指数(CWSI)和土壤含水量(SWC)差异。通过无人机携带热红外相机采集冠层热红外影像,利用热红外相机本身反演温度的公式,结合地面布置的温度校正点,校正后得到冠层温度影像。在 ENVI 中提取每个试验小区处理的冠层温度数据显示,在灌水前,植株生长发育比较好的区域平均冠层温度略高,通过上面的株高、叶面积等数据看,3 月 9 日第一次灌水前,三个小区的冬小麦生长发育差异不显著;灌水后,冠层温度土壤水分含量受到灌水量多少的影响,出现显著的差异,灌水多的区域冠层温度较灌水少的处理平均冠层温度低 2~5 ℃。冠层温度的差异直接决定了 CWSI 的差异,CWSI 的计算公式原理显示,根据冠层干旱区及湿润区冠层温度的

差异,反映作物缺水指标,显著地呈现缺水导致的差异。冠层平均温度在 3 月 16 日后却下降,意味着冠层覆盖地面,叶片生理活动旺盛。灌水越少导致小麦在拔节期后株高和叶面积正常生理生长受的影响越严重。

　　试验数据分为三个灌溉水平处理时,通过无人机光谱数据采集的影像提取每个小区的光谱数据,当 72 个小区归类到三个 IT_1、IT_2、IT_3 灌水分区(见图 3-5)时,结果发现,通过多光谱几个波段计算的指数在三个灌水分区中有明显的差异。从几个植被指数发现,NDVI、GNDVI、RVI、WRRVI、CVI、OSAVI 等相关指数与灌水量上呈正相关;NGRDI、GRVI、MGRVI 与灌水处理呈负相关。这些指数单从灌水多样本数据上考虑,都可以体现灌水的差异性。具体表现为长势的差异直接反映在不同波段的光谱中,通过不同波段的光谱运算可以有效地呈现灌水差异导致的指数不同。

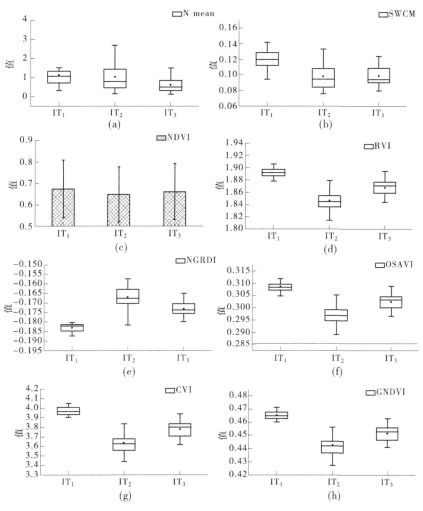

图 3-5　不同灌水量下作物指数分布

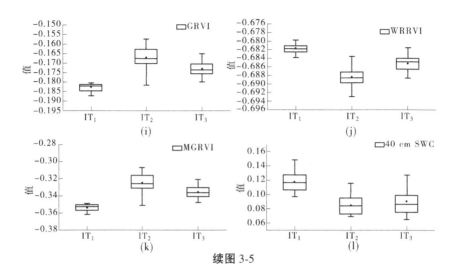

续图 3-5

3.2.2　施肥处理结果

　　考虑到施肥处理,六个不同的追施氮肥处理条件下,热红外、可见光、多光谱相机采集的影像提取数据后,反演到施肥处理层面,本书中计算的相关指数没有体现出施肥处理产生的差异性。冬小麦自身生理生长指标在不同的施肥处理条件下,也没有体现出相关的规律性。不同施肥处理下产量和硝态氮分布见图 3-6,土壤中平均硝态氮含量与施肥处理相关性亦不明显。产量及其地上生物量与灌水处理有一定的相关性,在施肥处理方面相关性不显著。为此,本书利用地上生物量与光谱影像数据开展相关性分析,本书利用的指数没有很好地体现施肥处理条件下施肥导致的规律性差异。

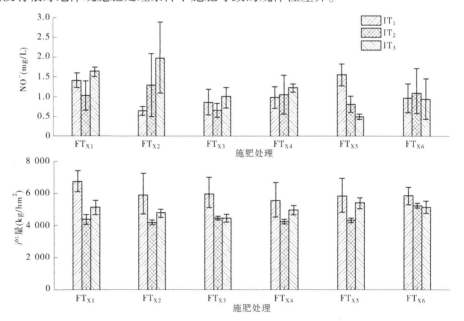

图 3-6　不同施肥处理下产量和硝态氮分布

图 3-7 结果显示,一些指数能体现灌水处理差异性,通过数据拟合和相关性分析发现,热红外影像提取的冠层温度、CWSI 与土壤水分之间有一定的相关性(见图 3-8)。如图 3-9 所示,线性拟合 R^2 达到 0.470 5,非线性拟合 R^2 达到 0.508 5,多项式拟合 R^2 值更高。说明通过 CWSI 反演土壤水分具有一定的借鉴性。

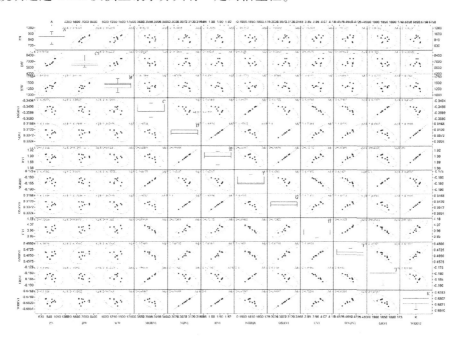

图 3-7　地上生物量与指数间相关性分析

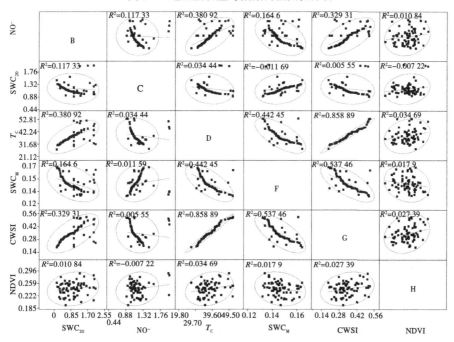

图 3-8　土壤水分、硝态氮与冠层温度、CWSI 和 NDVI 的相关分析

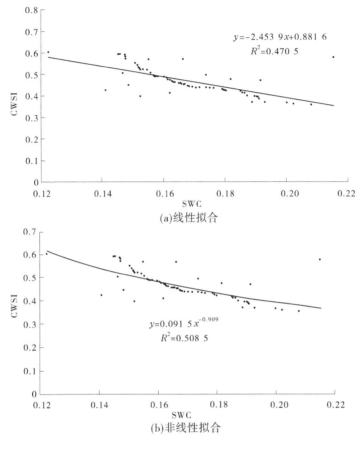

图 3-9　CWSI 与 SWC 拟合

3.3　分析与讨论

研究发现,通过热红外影像获取的冠层温度计算得到的 CWSI 可以有效地反演作物水分亏缺情况,这与前人的研究结果一致。无人机高分辨率遥感影像数据量大,分辨率高,可以很好地体现数据的空间变异性,完全可以作为农田水肥高效管理信息数据的重要来源。

通过光谱遥感数据反演不同施肥处理冬小麦生长的差异,结果显示不理想,没有体现不同的施肥处理导致生理生长指标呈现相关差异。分析发现存在多方面原因的制约:①冬小麦的施肥仅为追施氮肥,通过喷灌机喷洒的方式,肥料首先喷洒到冬小麦冠层,存在冠层截留的现象,致使氮素没有及时运移到土壤中,通过取土样测硝态氮含量无法准确地反映施肥量的差异;②喷洒溶于水的尿素,受光照等影响存在挥发及叶片表面吸收等原因,流失一部分,致使到达土壤中的氮素含量不均匀;③土壤中基肥含量不均匀,导致不同试验处理小区喷洒不同浓度的氮肥,取样测量的结果无法呈现不同施肥处理的差异性;

④存在取样点代表性不好及人为操作测样出现测量误差;⑤书中采用的光谱波段计算的植被指数没有涉及氮素敏感波段,或光谱获取的冠层数据本身与土壤中的数据就存在着很大的差异,很难仅通过冠层几个波段光谱数据反演土壤中氮素情况。

本章发现土壤水分反演具有一定的代表性,而肥料的多因素相互作用,很难用光谱直接反演土壤中肥料含量。该试验没有测量叶片中氮素含量,没有通过光谱数据反演叶片中氮素含量的问题,是导致光谱反演氮素效果不理想的一个原因,下一步研究中应侧重解决叶片中元素反演问题。此外,书中没有涉及热红外与多光谱影像数据联合构建植被指数,下一步研究中将加强不同数据影像联合构建植被指数反演水肥时空分布差异。

此外,书中光谱数据采集在连续性方面有所欠缺,没有涉及冠层温度日变化,通过热红外获取一日内不同时间段冠层温度空间分布数据相对变化,能更好地反演大田土壤水分的空间变异性;根据连续不间断的日影像数据,可以更好地反演水肥的时空变异性,将是下一步水肥精准管理重点关注的方面。该书的研究可以为大型喷灌机的水肥管理提供参考,无人机遥感是下一步集约化农田智慧化管理的便捷手段,可以更好地服务于精准管理决策,提升现代农业信息化水平。

3.4　本章小结

本章热红外影像获取的冠层温度,可以有效地反演作物水分亏缺,通过计算得到的作物水分亏缺指数能够间接地反演土壤水分含量,可以展现土壤水分亏缺的空间分布特征,能够作为大田精准水分管理的决策依据。

光谱数据反演土壤中肥料的空间分布比较复杂,特别是大田影响因素多,涉及范围广,仅仅通过冠层的影像数据,很难直接反演土壤中的肥料空间变化。

该研究以大型喷灌机喷洒尺度为研究区域,对未来精准农业具有一定的代表性和参考意义,无人机遥感应用到田间水肥管理,是非常有效的获取大田时空数据的方式,适合推广应用。

下一步应注重水肥反演的理论模型精准性研究,采集连续热红外、高光谱数据影像,多波段影像数据联合构建植被指数模型,探索不同元素敏感性指标,开展水肥时空变异性研究,探讨水肥精准施用技术,从理论和技术两方面着手提升农田水肥精准管理水平。

第 4 章　光谱感知不同灌溉水平对小麦株高、叶面积的影响

田间作物在相同的环境下,长势的差异直接反映了变量灌溉在作物生理生长过程中的影响。例如,株高是衡量作物生理生长特征的重要指标,目前,测量株高的方法主要集中在田间人工直接测量和间接测量两种方式。直接测量的方法简单易用,但由于不同的人工测量存在人为测量误差,耗时、耗力、耗工,在大面积研究评估中采用此方法投入相对大;间接测量的方法,如利用一些高通量表型平台,可以快速高效地获取田间所有试验测量区的株高信息,高效且非破坏性,减少了人为误差,大大提高了监测效率。

田间表型平台目前常用的有田间固定式和田间移动式,随着民用无人机的普及,无人机搭载的监测平台因其机动性强、移动灵活、空间面积大、效率高等优点,被广泛地应用于科学试验研究及现代化管理(Holman et al. , 2016; Roth et al. , 2018; Zheng et al. , 2020)。平台搭载的主要为 RGB 相机、多光谱相机、激光雷达、声波探测等监测仪器,收集田间表型信息。本章采用无人机遥感的方式监测不同灌溉处理后对株高的影响,为了在影像数据中获取株高数据,很多研究中对株高做了定义,通过影像数据计算的株高定义为:植株的上限顶点到地表面下限之间的最短距离。

4.1　材料与方法

4.1.1　试验地点及布置

试验位于中国农业科学院新乡综合试验基地,基地内有安装通量塔及气象站,通量塔高 45 m,监测收集不同风层的气象数据。试验地共 50 亩,安装了大型平移式喷灌机,三跨加尾端共计 165 m,喷头采用 Nelson R3000,试验地种植小麦,设置 240 mm(IT_1)、190 mm(IT_2)、145 mm(IT_3)三个灌溉水平处理。大型平移式喷灌机灌溉每个试验处理时喷头加装的喷嘴不同,通过更换喷嘴和控制喷灌机运行速率实现喷灌机的变量喷洒。根据试验处理的需求使用了三种不同大小的喷嘴实现不同灌溉处理,具体处理及喷嘴见表 4-1。试验期间降水量与不同灌溉处理灌溉明细见图 4-1。其他肥料参考当地及相关文献资料统一施肥。

表 4-1　不同灌溉水平对应喷嘴型号和流量

灌溉处理	IT_1	IT_2	IT_3
喷嘴型号	24	22	19
单喷头流量(m^3/h)	0.9	0.7	0.5

冬小麦全生育期内降水与灌溉量见图 4-1,小麦在播种前一周内降水 35 mm,播种后

到收获期总降水量 131 mm；其中 2020 年 1 月 6 日出现单日最大降水量 25 mm。生育期内利用大型平移式喷灌机灌溉 6 次，三个灌溉水平处理全生育期分别灌溉 240 mm（IT_1）、190 mm（IT_2）、145 mm（IT_3）。第一次灌溉三个灌溉水平处理没有差异，在 12 月 19 日第二次灌溉时，三个灌溉水平处理体现差异。具体灌溉处理及小区分布见图 4-2。

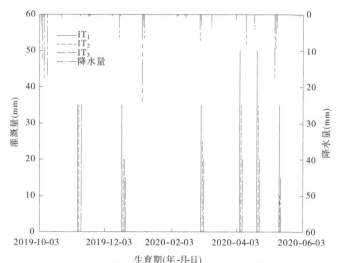

图 4-1　冬小麦全生育期内降水与灌溉

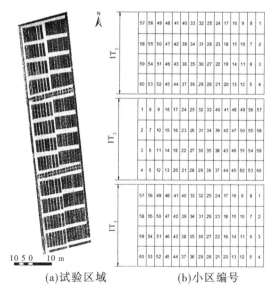

(a)试验区域　　　　　(b)小区编号

图 4-2　灌溉试验处理正射影图像及对应小区布置

4.1.2　数据获取

4.1.2.1　田间数据的采集

小麦株高数据的采集利用无人机考虑灌溉试验同步开展，具体测量日期见表 4-2，田间数据株高的测量采用非破坏现场测量和破坏取植株带回实验室测量两种方式，测量工具采用 1 m 钢尺。株高的差异处理通过灌水量、种植品种的差异布置处理。

表 4-2　无人机飞行采集日期

飞行日期(年-月-日)	田间取样日期(年-月-日)	生育期
2020-03-07	2020-03-07	拔节期
2020-03-15	2020-03-14	拔节期
2020-03-20	2020-03-20	拔节期
2020-04-03	2020-04-03	拔节期
2020-04-14	2020-04-15	抽穗期
2020-04-23	2020-04-23	抽穗期
2020-04-30	2020-04-30	开花期
2020-05-10		乳熟期
2020-05-28		成熟期

4.1.2.2　遥感数据的采集

遥感影像的获取采用大疆 M600Pro 六旋翼、M210 四旋翼和精灵 4Pro 无人机信息采集系统,在大疆 M600Pro 六旋翼和 M210 四旋翼无人机系统上安装了分辨率为 640×512 的 FLIR-Tau2 热红外相机和 Rededge MX 多光谱相机(五波段),波段信息及波长范围见表 4-3 及图 4-3。2019~2020 年冬小麦生育期在试验小区内用黑白板设置 18 个地面控制点(GCPs)均匀分布在 180 个小区中。数据采集包括无人机遥感影像和田间取样,根据不同的生育期和灌溉水平开展,飞行时期同步开展田间数据采样。此外,根据田间灌溉及取样质量情况,在飞行日期前后增加了田间取样的次数,具体日期见表 4-2。飞行数据主要包括热红外、RGB 影像、多光谱影像,取样数据包含株高、叶面积、冠层温度、0~100 cm 土层深度的土壤含水量、地上生物量。

Rededge MX 多光谱相机五波段分别为蓝、绿、红、近红、红边,其中近红外波段光谱带宽 40 mm;蓝、绿光谱带宽 20 mm;红和红边光谱带宽为 10 mm,具体波段信息见表 4-3、图 4-3。

表 4-3　Rededge MX 多光谱相机光谱波段

通道数	通道名称	中心波长(nm)	光谱带宽(nm)
1	蓝	475	20
2	绿	560	20
3	红	668	10
4	近红	840	40
5	红边	717	10

数据的采集:二维数据影像采用二维航线规划的模式飞行,相机采用的拍照模式为相机垂直地面等时间间隔拍照。航线的规划采用大疆自带 GSP 地面站中的二维正射影规划航线,航线的航向重叠率为 85%、旁向重叠率为 80%,飞行高度为 40 m。

4.1.2.3　数据分析处理方法

无人机获取的影像处理第一步为图像筛选,剔除不在试验区范围内的影像,减少影像噪声,提高影像处理效率。采用软件 Pix4D(Pix4D SA, Lausanne, Switzerland)和 PhotoScan 做正射影校正和图像拼接。无人机影像数据为 TIFF 格式,高密度点云的生成

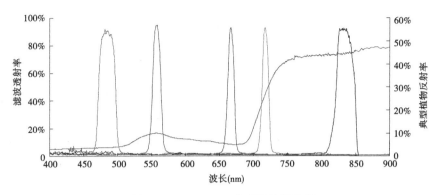

图 4-3　Rededge MX 多光谱波段波长

运用了 Pix4Dmapper 中的 SfM 技术。RGB 影像的获取利用了大疆(DJI)精灵(Phantom) 4Pro 自带 2000 万像素,1 英寸 CMOS 传感器,镜头视广角(FOV)84°光圈 f/2.8-f/11 的摄像头,照片 TIFF 格式自带 POS 信息。

株高数据的提取源自多光谱、RGB 影像点云和冠层特征,无人机高精度影像在 Pix4D 或 PhotoScan 中进行了照片定位、地面控制点地理信息输入、照片对齐、生成密集点云、创建数字表面模型(digital surface,model,DSM)、生成正射影,进一步处理获取数字地形模型(digital terrain model,DTM),处理和校正辐射信息,生成相关植被指数图像。提取株高信息的处理软件为 ENVI 5.3,提取相关特定区域内的株高及其相关数据。

4.2　数据提取方法

4.2.1　株高的估算及常用方法

在无人机高分辨遥感中,株高被定义为植株的上限到地面平面下限之间的最短距离。植株的上限可以用点云或数字表面模型(DSM)确定,而地面平面的下限比较难确定,目前常用的方法是获取数字地形模型(DTM),本试验还采用地面校正的方法。具体步骤为:①获取二维 RGB 和多光谱影像及三维 RGB 数据影像(垂直正射影和倾斜摄影);②利用商业软件获取正射影和三维模型数据及 DSM、DTM;③根据试验测量小区分割正射影、三维模型、DSM 等数据;④估算株高上限和地面下限,得到株高数据。

$$H = U - G \tag{4-1}$$

式中:H 为株高;U 为点云或 DSM 上限;G 为地面。

4.2.1.1　冠层上限的提取

人工测量株高时,往往选取能代表平均株高的植株进行测量,一般情况下忽视了最高植株和最低植株的人工测量记录。这样选取的测量样本在一个小区的代表性不是很强,为了消除相关人工测量的影响,将每个小区内的数据分为 10 个子小区,统计每个小区的 95% 像素数据。为此计算点云或 DSM 上限的公式变为

$$U = \frac{\sum_{i=1}^{10} U_i}{10} \qquad (4-2)$$

4.2.1.2　参考物校准方法

根据试验布置,事先在田间布置好参考物,飞行获取数据分析处理后得到的 DSM 中提取参考物的高度与参考物真实已知高度进行对比拟合,参考物 DSM 或点云数据的下限与植株的下限是统一的地面土壤,所以只需要提取参考物的上限与参考物真实高度对比,即可获取拟合常数 C,进而获取校准后的 DSM 数据。然后提取植株株高信息。

$$H = CU_{\mathrm{C}} \qquad (4-3)$$

$$C = \frac{U_{\mathrm{r}}}{H_{\mathrm{r}}} \qquad (4-4)$$

式中:U_{r} 为参考物上限;H_{r} 为参考物真实高度;U_{C} 为冠层上限。

4.2.1.3　地面下限:自校准方法

试验初期在地面布置地面校准板,每块校准板用 RTK 进行测量获取其统一标准条件下高程及经纬度数据。校准板在全生育期固定,在冬小麦全生育期内飞行多次的数据都包含校准板的信息,通过输入校准板的经纬度及高程信息获取每个生育期的 DSM,刚播种后获取的 DSM 数据作为地面下限数据,这样随着冬小麦生育期,每次飞行获取的 DSM_i 减去 DSM_1 即为每次飞行的株高。

$$H_i = \mathrm{DSM}_i - \mathrm{DSM}_1 \qquad (4-5)$$

式中:H_i 为第 i 次飞行时的株高;DSM_i 为第 i 次飞行时的数字表面模型数据;DSM_1 为第 1 次飞行时数字表面模型数据。

4.2.2　叶面积指数的估算

本章中叶面积指数(LAI)的估算采用多光谱影像指数反演计算,目前常用的光谱指数计算叶面积指数的公式有:

$$\mathrm{LAI} = 0.098\exp(6.0002\mathrm{RDVI}) \qquad (4-6)$$

$$\mathrm{LAI} = 0.1817\exp(4.1469\mathrm{TVI}) \qquad (4-7)$$

$$\mathrm{LAI} = 0.1663\exp(4.2731\mathrm{MSAVI}) \qquad (4-8)$$

$$\mathrm{LAI} = 0.2227\exp(3.6566\mathrm{MTVI2}) \qquad (4-9)$$

植被指数 MTVI2 受叶绿素浓度变化影响较小,与冠层近红外波段反射率具有较好的线性关系,能够很好地模拟 LAI,本章中采用式(4-9)反演不同灌溉处理条件下不同灌溉水平下的叶面积指数,对比分析三个灌溉水平处理下叶面积指数在不同生育期的变化。

4.3　多光谱影像的提取

4.3.1　多光谱影像株高提取

多光谱点云提取不同时期小麦株高空间分布见图 4-4,3 月 7 日,获取冠层范围内点

图 4-4　多光谱点云提取不同时期小麦株高空间分布

云数据提取株高二维空间分布信息显示,三个灌溉水平处理小区冬小麦株高没有体现显著差异。此时,三个灌溉水平处理 IT_1、IT_2、IT_3 地面测量株高分布范围分别为:18.5 ~ 38.07 cm,平均 26.68 cm;17.82 ~ 34.75 cm,平均 26.19 cm;17.64 ~ 38.29 cm,平均 27.53 cm。冠层影像提取的数据显示三个灌溉水平处理 IT_1、IT_2、IT_3 的株高范围及均值分别为:6.38 ~ 25.45 cm,平均 15.13 cm;6.09 ~ 23.74 cm,平均 14.38 cm;4.04 ~ 26.97 cm,平均 14.85 cm。地面测量的数据与影像数据计算获得的数据趋势基本一致。从表 4-4 中看,几个采样日期中,4 月的两次灌溉对冬小麦的生长产生了显著的影响,IT_3 的灌溉处理对株高的影响非常显著,致使平均株高较 IT_1、IT_2 低 5 cm 以上。地面人工测量株高存在人为主观因素的影响,只选择一小范围内单株测量,其代表性不如光谱计算得全面。不同时期地面测量与影像计算株高见图 4-5。

表 4-4　三个灌溉水平处理下不同时期株高均值及标准差

日期 (年-月-日)	地面测量						影像计算					
	IT_1 (cm)	SD	IT_2 (cm)	SD	IT_3 (cm)	SD	IT_1 (cm)	SD	IT_2 (cm)	SD	IT_3 (cm)	SD
2020-03-07	26.69	3.95	26.19	3.89	27.53	4.04	15.13	4.12	14.38	3.94	14.85	4.63
2020-03-15	34.60	4.15	34.55	4.05	34.22	4.15	22.22	4.03	22.13	3.44	22.04	4.16
2020-03-20	42.49	4.67	44.58	4.84	43.24	5.58	30.99	7.18	29.81	6.02	29.51	6.34
2020-04-03	60.15	5.62	60.74	5.41	58.42	4.93	39.65	6.08	38.21	4.77	35.69	4.81
2020-04-14	74.02	6.69	68.97	6.97	71.61	7.98	55.91	6.53	56.14	5.78	49.57	6.31
2020-04-23	79.08	6.92	81.26	7.45	77.73	7.28	66.23	6.26	65.03	4.94	58.60	7.71
2020-04-30	86.67	8.85	86.70	7.49	80.80	8.84	72.84	7.82	69.95	5.63	55.01	8.37

分析对比地面测量与影像计算提取的株高数据分布如图 4-6 所示,地面测量的株高密度分布差异较影像计算提取的株高小,每个时期的两组数据对比发现,影像提取的数据更符合正态分布,从不同日期数据分布对比看,影像计算提取的数据较地面测量的数据分布广,地面测量的数据集中性好。

地面测量与多光谱影像提取不同日期间株高差见图 4-7,随着株高逐渐增大,地面测量的株高与多光谱影像提取的株高差值波动开始加剧。从数据看,提取的株高与地面测量株高差值在 12 cm 左右,针对这 7 个日期提取的数据与地面测量的数据对比分析,株高差相对比较稳定,特别是前面的 3 次数据株高差相近,这说明光谱影像计算的株高效果比较稳定,特别是同一时期内不同区域株高长势情况,可以作为提取株高一种有效的方法手段。4 月 3 日,株高差分布较其他日期株高差偏大,从 4 月 3 日前后影像提取的株高对比看,影像计算的株高正常,分析出现株高差偏高的原因,极可能是存在当日气象条件所致无人机接收空中卫星数据与前几日有差别。

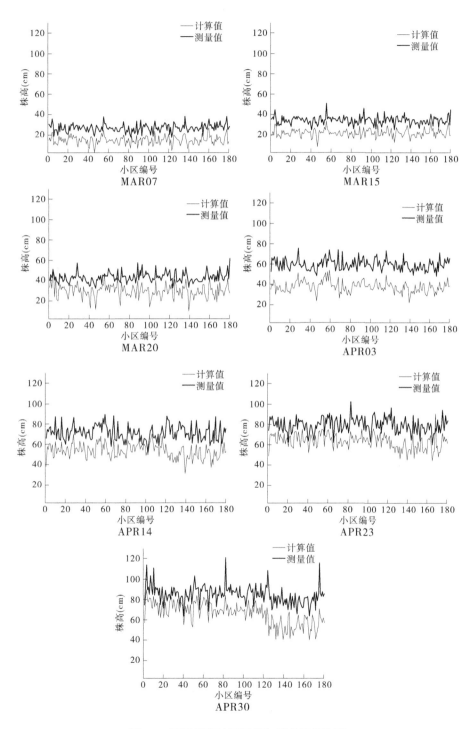

图 4-5　不同时期地面测量与影像计算株高

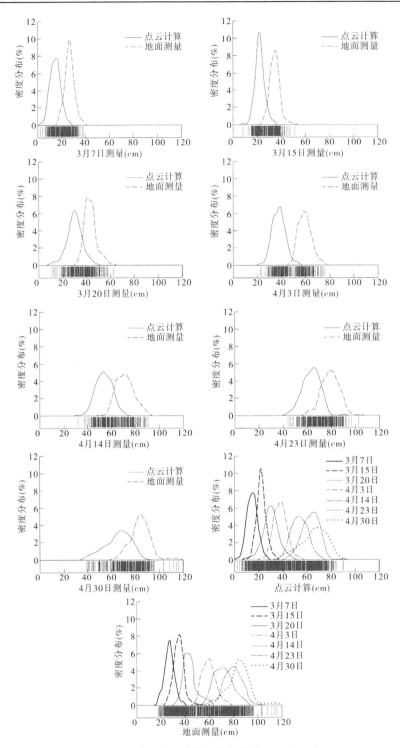

图 4-6　不同时期地面测量与影像计算株高密度分布

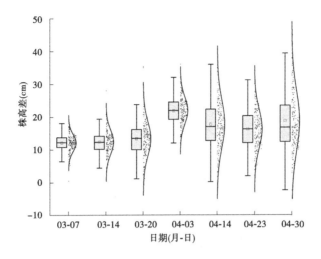

图 4-7　地面测量与多光谱影像提取不同日期间株高差

对地面实测数据与无人机影像数据提取的株高在不同的采集日期获得的所有数据进行拟合分析,结果显示地面测量的数据与影响提取的数据在全生育期拟合后 R^2 达 0.91,从图 4-8(a)可以看出,采集数据的前面部分数据更集中,相关性更好。从三个灌溉水平处理后的均值入手,进行拟合分析发现,在三个灌溉水平处理下均值线性拟合 R^2 达 0.96,二者呈显著性线性相关,这说明影像提取的数据与地面人工测量的数据相关性非常好,无人机影像数据提取的株高数据在很大程度上完全可以替代地面人工测量的数据。

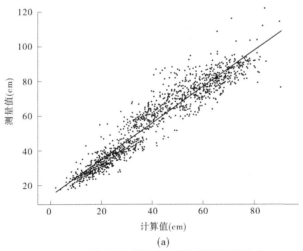

(a)

图 4-8　株高实测数据与影像提取数据拟合

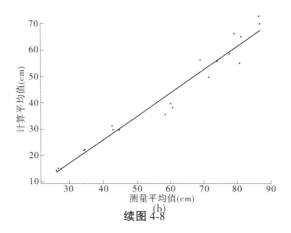

续图 4-8

4.3.2　不同灌溉水平处理株高的变化

三个灌溉水平处理下地面测量与多光谱影像提取株高见图 4-9。

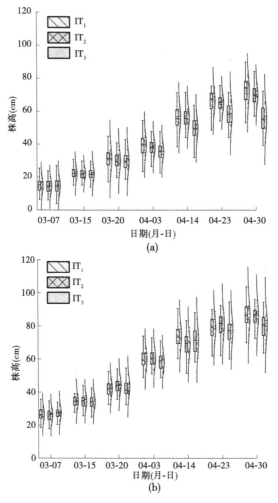

图 4-9　三个灌溉水平处理下地面测量与多光谱影像提取株高

不同灌溉水平处理条件下,从不同时期株高日增长率看,3 月 1 日灌溉后,3 月 7~15 日日均接近 1 cm/d;IT$_2$ 灌溉水平处理日增长率最高。3 月 15~20 日,三个灌溉水平处理平均日增长率分别为:1.75 cm/d、1.58 cm/d、1.54 cm/d。3 月 15 日至 4 月 3 日间未进行灌溉,数据显示日增长率 IT$_1$>IT$_2$>IT$_3$(见图 4-10)。4 月 6~8 日灌溉,4 月 3~14 日平均日增长率分别为:1.50 cm/d、1.63 cm/d、1.26 cm/d,IT$_2$ 灌溉水平处理日增长率最高。不同的灌溉水平处理对株高的日增长率有严重的影响,从几个时间段日增长率分析发现,不同灌溉水平处理致使田间试验区冬小麦出现了不同程度的水分亏缺,IT$_2$ 灌溉水平处理下冬小麦的水分亏缺相对处在一个临界点,灌溉后 IT$_2$ 处理下冬小麦吸收水分后可快速生长,故在数据上出现灌溉后 IT$_2$ 处理下日增长率最高。而长时间不灌溉条件下,IT$_1$ 处理下日增长率最大,说明 IT$_1$ 处理灌溉量最多,土壤中水分含量最高,水分亏缺程度较其他两个灌溉水平处理最小,对冬小麦的生理生长产生的胁迫影响最小,IT3 处理下水分亏缺较其他两个处理严重,制约了冬小麦的生理生长。

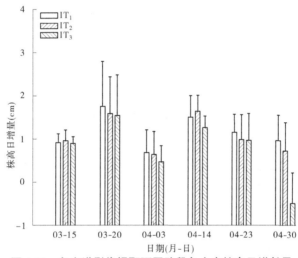

图 4-10　多光谱影像提取不同阶段冬小麦株高日增长量

4.3.3　不同灌溉水平处理下 LAI 的变化

如图 4-11 所示,随着冬小麦的生长,LAI 变化规律基本呈抛物线形,开始抽穗时小麦生长迅速,叶片不断长出,LAI 达到最大,光合作用增强;灌浆期开始后,叶片光合作用减弱,叶片逐步衰落,LAI 迅速减小,这与冬小麦生育期 LAI 实际变化过程相符,且 LAI 模拟值也在合理范围之内,说明采用植被指数 MTVI2 模拟 LAI 的相对准确合理。

不同灌溉水平处理时,拔节期小麦叶片还未完全长出,LAI 未能体现出水分亏缺对小麦生长的影响;抽穗期之后,小麦叶片已完全长出,LAI 达到最大,LAI 的变化体现出了水分亏缺对作物生长的影响,随着灌水量的减少,LAI 不断降低,且随着生育期推进,LAI 下降幅度不断增大,可见长时间的水分亏缺对灌浆期冬小麦的生长影响很大,进而导致冬小麦产量的下降。另外,每一个生育期,同一灌溉水平处理条件下,不同的小麦品种 LAI 的变化幅度较大,可根据该特征利用遥感影像进行品种的识别。

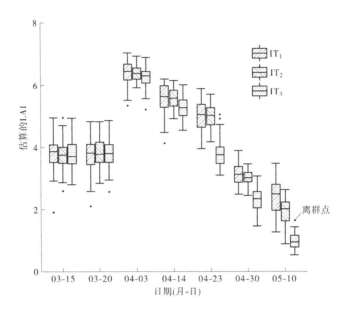

图 4-11　不同生育期三个灌溉水平处理下 LAI 的变化

4.4　分析与讨论

本章结果发现,本试验处理下的不同灌溉水平处理会对冬小麦株高、LAI 产生影响,分析原因发现,不同的灌溉水平处理条件下,灌溉水量不同,而且本试验中的三个灌溉水平处理都未达到充分灌溉的情况,进而三个灌溉水平处理下都存在不同程度的水分亏缺现象,只是三个灌溉水平处理下水分亏缺程度 $IT_1<IT_2<IT_3$,IT_1 灌溉水平处理条件下产生的水分亏缺对冬小麦的生理生长产生的影响不大或接近不亏缺的情况。IT_3 灌溉水平处理条件下水分亏缺最严重,对全生育期的株高和 LAI 产生了显著的影响。

无人机多光谱 Rededge MX 相机在采集多光谱影像的同时,用其点云数据提取的株高数据显示,点云数据可以满足试验评估冬小麦的日常生理生长情况,在未有 RTK 布点数据校准的情形下,数据比较稳定,完全可以作为一种有效提取株高、叶面积指数的方法使用。此方法降低了成本,提高了飞行及影像数据的利用效率。

不同灌溉水平处理提高了水资源利用效率,因目前大型喷灌机组尚未安装农田精准灌溉信息感知系统,导致现有的不同灌溉水平处理未发挥出精准灌溉自动化灌溉的优势。现有的自动化信息感知系统需结合现代化信息感知技术(如无人机、卫星光谱等)系统开展大田或区域精准灌溉信息感知。

4.5　本章小结

（1）不同灌溉水平处理提高了灌溉水的利用效率，在未实现充分灌溉的条件下，不同灌溉水平处理对冬小麦株高、LAI 产生了显著的影响。

（2）基于无人机多光谱遥感冬小麦生理生长信息，无人机携带的 Rededge MX 多光谱相机在采集多光谱影像的同时，用其中未布置 RTK 像控点校正的点云数据提取的株高完全可以满足日常田间精准管理与试验数据的需求，特别是针对同一生育期内的评估区域内冬小麦株高、LAI 具有很好的可靠性。

（3）变量灌溉急需结合现代信息感知技术，利用自动化控制系统，实现精准灌溉，提高水肥利用效率，助力节本增效，绿色发展。

第5章　无人机光谱反演夏玉米叶面积指数

据国家统计局最新数据显示,2020 年中国玉米播种面积(4 126.4 万 hm²)、总产量(26 067 万 t)均已位居粮食类第一,保证玉米产量是稳定国家粮食安全的重要内容。叶面积指数(LAI)能够反映作物健康和生产力状况,适宜的 LAI 对保证玉米长势以及产量具有重要意义。传统的 LAI 监测方法主要分为直接法和间接法,直接测量作物 LAI 费时、费力且会破坏作物长势,间接测量法也难以应用于大面积快速监测中,遥感技术的发展为 LAI 的获取提供了新的手段。当前农用遥感数据的来源主要为卫星遥感和无人机遥感。卫星遥感为高空遥感,国内外众多专家学者针对卫星遥感反演 LAI 进行了大量研究,但卫星遥感存在地表分辨率低、易受大气因素影响、重访周期长等不足。无人机遥感系统作为低空遥感系统,具有机动灵活、携带方便、可获取高时空分辨率数据、成本低等优势,有效地避免了卫星遥感存在的许多问题,为中小尺度的遥感应用研究提供了新的途径。

当前无人机搭载的传感器类型主要为可见光、热红外、多光谱、高光谱以及激光雷达。不同波段以及分辨率的图像与 LAI 的相关程度不同,其中多光谱相机可以获取与作物叶片特征信息联系密切的红波段以及近红外波段光谱,被广泛应用于作物 LAI 的反演研究。在此基础上,何种 LAI 反演模型效果最优一直是研究的主要方向。同时,国内外众多研究表明 LAI 与作物冠层温度(T_c)存在必然联系。杨文攀等将试验区玉米覆盖度与热红外提取的 T_c 进行对比,结果表明玉米 T_c 与其覆盖度相关性显著 $R^2 = 0.534\ 5$。Van 等通过模拟不同环境研究了环境和 T_c 与叶片温度之间的差异,结果表明降低 LAI 可以减小叶片与周围空气的温差。

综上,无人机多光谱遥感可以较好地反演作物 LAI,但融合多光谱和热红外图像反演夏玉米 LAI 的研究还鲜有报道。本书以无人机平台搭载多光谱和热红外相机,获取大田夏玉米关键生育期的光谱影像,分析光谱数据与实测 LAI 之间的相关关系,利用多元线性回归(multiple linear regression,MLR)、支持向量机(support vector machine,SVM)和随机森林(random forest,RF)3 种算法,将 11 种植被指数作为输入变量、LAI 作为输出变量开展训练学习,建立夏玉米 LAI 的反演模型,并寻优分析融合 T_c 后 LAI 反演精度,以期为大田夏玉米 LAI 快速估算提供技术支持。

5.1　材料与方法

5.1.1　研究区概况

试验地位于中国农业科学院新乡综合试验基地,地处华北平原的人民胜利渠灌区,是夏玉米的重要种植区,温带大陆性季风气候,夏季高温多雨,7~9 月降水量占全年降水量的 65%~75%。试验区为轻质壤土,表层土壤体积质量 1.47 g/cm³,0~1 m 土层平均田间体积持水率为 30.98%。试验田灌溉水源采用地下水,埋深超过 5 m。

5.1.2　试验设计

本试验选用夏玉米太玉 339,于 2020 年 6 月 22 日播种,9 月 25 日收获,全生育期共 96 d。玉米播种深度约 5 cm,行距 60 cm、株距 25 cm,灌溉方式采用滴灌。试验布置如图 5-1(a)所示,共设置 3 个灌溉水平处理,间隔 2.4 m,灌水定额分别为 $0(W_0)$、30 mm (W_1)、70 mm(W_2),灌水量通过支管上的水表控制,由于生育期内雨水较为频繁,于拔节期、喇叭口期和灌浆期进行灌溉处理。每个灌溉水平处理下划分 15 个试验小区,3 个处理共计 45 个试验小区,每个小区为 4 m×3 m 的矩形区域,小区间隔 1.2 m。小区编号如图 5-1(b)所示。在试验区四角布设 30 cm×30 cm 的黑白板,用作热红外图像的温度校准。

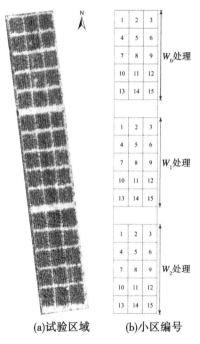

(a)试验区域　　　(b)小区编号

图 5-1　试验区布置示意图

5.1.3　数据获取与处理

无人机影像的获取需晴朗无风的天气,以降低天气对影像获取的影响。同时考虑到夏玉米叶片的主要生长时期为抽雄期以前且苗期 LAI 较小,最终选择 2020 年 7 月 13 日(拔节后期)、7 月 24 日(喇叭口期)、7 月 30 日(大喇叭口期)、8 月 10 日(抽雄吐丝期)进行无人机图像以及地面数据的同天采集,无人机数据采集时间集中在北京时间 11:00~

14:00,地面数据采集时间集中在 9:00~14:00。

5.1.3.1 地面数据获取

获取的地面数据主要为 LAI 和黑白板温度。LAI 通过英国 Delta-T 公司生产的 SunScan 冠层分析仪测定,仪器由 1 m 长的 SunScan 探测针、反射数据传感器以及数据采集终端等部分组成,每次无人机作业后于每个试验小区不同位置按横、纵方向分别测量 3 次,取平均值代表该试验小区的实际 LAI。黑白板的温度通过 HIKVISION H10 手持式热红外测温仪测量,在无人机飞过黑白板后立即拍摄每个黑(白)区域中心点的温度。

5.1.3.2 光谱影像获取

多光谱相机选用美国 MicaSense RedEdge-MX 五通道多光谱相机,相机质量 232 g,焦距 5.5 mm,视场角 47.2°,地物分辨率位于离地高 120 m 可达 8 cm,波段信息见表 5-1。热红外图像依靠禅思 ZenmuseXT2 双光热成像相机获取,ZenmuseXT2 相机质量 588 g,镜头焦距 19 mm,波长范围 7.5~13.5 μm,像元间距 17 μm。搭载平台选择 DJI M210V2 型无人机,无人机飞行高度 30 m,重叠度 80%,利用 DJI Pilot 和 DJI GSPro 规划航线控制无人机自主飞行作业。其中,多光谱相机需要于每次起飞前和降落后对相机自带辐射标定板拍照,用以图像拼接时的辐射定标作业。

表 5-1 RedEdge-MX 型多光谱相机波段信息

波段名	中心波长(nm)	波段宽度(nm)	文件后缀
蓝	475	20	-1. tif
绿	560	20	-2. tif
红	668	10	-3. tif
近红	840	40	-4. tif
红边	717	10	-5. tif

5.1.3.3 光谱影像预处理

借助 Pix4D mapper 完成多光谱以及热红外图像拼接作业。由于图像中包含试验区以外的区域,采用 ArcGis 10.2 绘制试验小区的掩膜文件,叠加于多光谱图像上提取各试验小区的光谱反射率。同时利用多光谱图像进行波段计算获得试验区玉米冠层掩膜,叠加于热红外图像上提取各试验小区冠层热红外,以降低土壤背景对 T_C 提取造成的影响。

5.1.3.4 多光谱植被指数提取

植被指数是指通过波段的组合形成的增强植被信息,反映植被在可见光、近红外等波段反射与土壤背景之间差异的指标。其原理是绿色植被或者农作物在可见光红、蓝光波段表现为强吸收特性,在近红外、绿波段则强反射。植被指数的构建能够实现植被生长状况的定量表达。本书借鉴前人研究,选取并计算 20 种植被指数,各指数及其计算公式见表 5-2。

表 5-2　多光谱植被指数

植被指数	公式	参考文献
归一化差值植被指数（NDVI）	$(NIR-R)/(NIR+R)$	[18]
重归一化差值植被指数（RDVI）	$(NIR-R)/SQRT(NIR+R)$	[19]
比值植被指数（RVI）	NIR/R	[20]
改进比值植被指数（MSR）	$(NIR/R-1)/SQRT(NIR/R+1)$	[21]
改进绿度比值植被指数（MSR_G）	$(NIR/G-1)/SQRT(NIR/G+1)$	[22]
非线性植被指数（NLI）	$(NIR^2-R)/(NIR^2+R)$	[23]
优化土壤调节植被指数（OSAVI）	$(1+0.16)\times(NIR-R)/(NIR+R+0.16)$	[24]
最佳植被指数（VIopt）	$1.45\times(NIR^2+1)/(R+0.45)$	[25]
红边归一化差值植被指数（RENDVI）	$(RE-R)/(RE+R)$	[26]
红边比值植被指数（RESR）	RE/R	[27]
修正型非线性植被指数（MNLI）	$1.5\times(NIR^2-R)/(NIR^2+R+0.5)$	[28]
宽范围动态植被指数（WDRVI）	$(a\times NIR-R)/(a\times NIR+R)\quad(a=0.12)$	[29]
修正双重差值植被指数（MDD）	$(NIR-RE)-(RE-G)$	[30]
修正型叶绿素吸收反射率植被指数 1（MCARI1）	$[(NIR-RE)-0.2\times(NIR-R)](NIR/RE)$	[30]
修正型叶绿素吸收反射率植被指数 2（MCARI2）	$\dfrac{1.5\times[2.5\times(NIR-R)-1.3\times(NIR-RE)]}{\sqrt{(2NIR+1)^2-(6NIR-5\sqrt{R})-0.5}}$	[30]
改进的转换型叶绿素吸收反射率植被指数（MTCARI）	$3\times[(NIR-RE)-0.2\times(NIR-R)](NIR/RE)$	[30]
MTCARI/OSAVI		[30]
MCARI1/MRETVI	$MRETVI=1.2\times[1.2(NIR-R)-2.5\times(RE-R)]$	[30]
结构不敏感色素指数（SIPI）	$(NIR-B)/(NIR+R)$	[31]
归一化绿色植被指数（NGI）	$G/(NIR+G+RE)$	[32]

注：B、G、R、RE 和 NIR 分别为 RedEdge 多光谱相机 475 nm、560 nm、668 nm、717 nm 和 840 nm 波长处的光谱反射率。

5.1.3.5　冠层温度的提取

提取热红外图像上黑白板测量点的像素值与手持式热红外测温仪测得的温度进行拟合，运用获得的转换公式对当天玉米冠层热红外图像做栅格运算得到整个试验区的 T_C，经分区统计提取每个小区的均值代表该小区的 T_C，热红外图像温度转换公式见表 5-3。

表 5-3　热红外图像温度转换公式

日期(月-日)	拟合公式	R^2
07-13	$Y = 0.449\ 6x - 501.18$	0.928 8
07-24	$Y = 0.296\ 7x - 315.05$	0.977 9
07-30	$Y = 0.577\ 1x - 404.02$	0.906 1
08-10	$Y = 0.585\ 4x - 410.77$	0.921 0

5.1.4　数据分析评价

5.1.4.1　模型的构建

本书利用 MLR(multiple linear regression)、SVM(support vector machine)和 RF(random forest)机器学习算法构建不同生育期的 LAI 反演模型,模型构建借助 R 语言 10.3 版本实现。MLR 是指回归分析中存在 2 个或 2 个以上的自变量,由多个自变量的最优组合共同来预测或估计因变量。SVM 是一种监督类机器学习模型,其回归预测借助不敏感函数以及核函数算法实现,以结构风险最小化为原则从线性可分扩展到线性不可分,解决了神经网络算法无法避免的局部最优问题,也在一定层面上避免了维数灾难的问题,近年来相关应用逐渐增多。RF 算法采用随机方式建立一个由很多决策树组成的森林,决策树互相没有关联,每个决策树会生成一个预测值,将全部预测值的平均值作为观测数据的最终预测值。

5.1.4.2　模型精度验证

以决定系数(R^2)、均方根误差(RMSE)和归一化均方根误差(NRMSE)来进行模型精度的评价。采用 R 语言编程计算模型的 3 个统计量评估 LAI 的反演精度,模型所对应的 R^2 越接近于 1,RMSE 和 NRMSE 越小,说明模型的预测精度越高。

5.2　结果与分析

5.2.1　LAI 及光谱数据变化

图 5-2 为不同灌溉处理下 4 个生育期 LAI 的变化趋势。对比同一灌溉处理不同生育期各试验小区 LAI,随着生育期的进行,LAI 不断增大。7 月 13 日(拔节后期)平均 LAI 仅为 1.27,相较于其他生育期曲线较平缓,各试验小区差距较小。8 月 10 日(抽雄吐丝期)各试验小区平均 LAI 达到 3.92,此时 LAI 已基本达到最大,整体变化趋势符合夏玉米实际生长规律。不同灌溉处理下的 15 个试验小区植被指数均值见图 5-3。由于 RVI 指数数值较大,为直观显示各植被指数变化趋势未将其列于图 5-4 中。从拔节期到吐丝期各植被指数均呈上升趋势。同一时期各植被指数绝对值表现为:随着灌水量的增加而增大,

进一步证明了所计算的各植被指数的正确性。

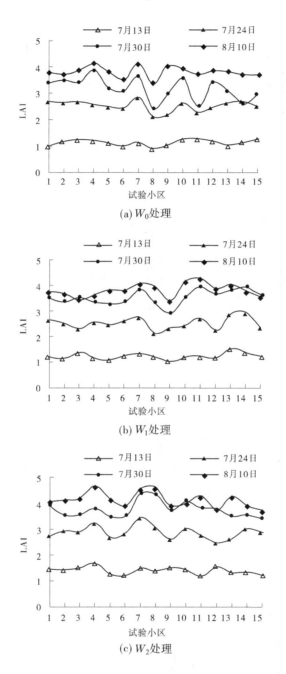

(a) W_0 处理

(b) W_1 处理

(c) W_2 处理

图 5-2　不同灌溉处理下 4 个生育期 LAI 的变化趋势

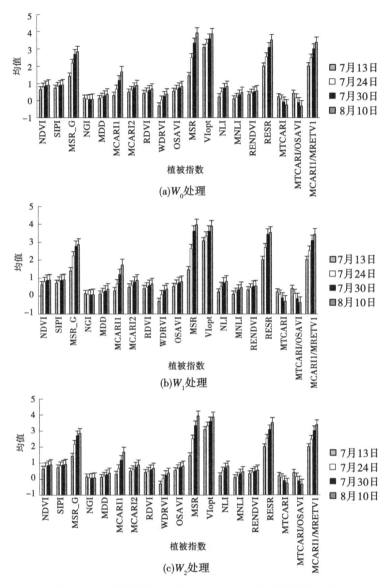

(a)W_0处理

(b)W_1处理

(c)W_2处理

图 5-3　不同灌溉处理下的 15 个试验小区植被指数均值

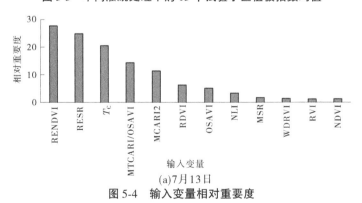

(a)7月13日

图 5-4　输入变量相对重要度

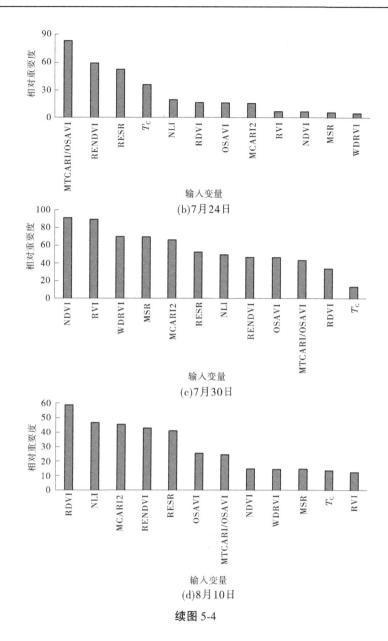

(b)7月24日

(c)7月30日

(d)8月10日

续图 5-4

5.2.2　光谱数据与 LAI 相关性分析

为讨论植被指数与 LAI、T_C 与 LAI 的相关关系,建立不同时期植被指数与 LAI、T_C 与 LAI 的一元线性回归模型,并将各回归模型相关程度统计于表 5-4。由表 5-4 可以看出,除 MTCRI 指数外,4 个时期的植被指数均与 LAI 在 $P<0.0001$ 水平上极显著相关,相关系数均不小于 0.597。其中,各生育期相关性绝对值最大的指数分别为 MCARI2 和 MNLI(7 月 13 日)、RVI(7 月 24 日)、MSR 和 WDRVI(7 月 30 日)、VIopt(8 月 10 日)。对比不同时期植被指数与 LAI 的相关性可以发现,喇叭口期到吐丝期的相关性明显大于拔节期,原因是拔节期

玉米覆盖度低,裸露土壤较多,植被指数消除土壤背景等噪声的效果也随之降低。由表 5-4 中还可以看出,各时期热红外 T_C 与 LAI 负相关,且具有较强的相关性。根据各植被指数与 LAI 在不同生育期的相关程度,选取综合表现最佳的 11 种植被指数 NDVI、RDVI、RVI、MSR、MCARI2、NLI、OSAVI、RENDVI、RESR、WDRVI、MTCARI/OSAVI 作为输入变量,LAI 作为输出变量,分别使用 MLR 算法、SVM 算法和 RF 算法构建夏玉米 LAI 反演模型。

表 5-4　植被指数与 LAI 相关性

植被指数	相关系数及显著性			
	7 月 13 日	7 月 24 日	7 月 30 日	8 月 10 日
NDVI	0.693***	0.763***	0.824***	0.779***
RDVI	0.711***	0.734***	0.789***	0.812***
RVI	0.699***	0.785***	0.825***	0.8***
MDD	0.702***	0.713***	0.758***	0.815***
MSR	0.7***	0.782***	0.83***	0.795***
MSR_G	0.625***	0.763***	0.821***	0.732***
MCARI1	0.691***	0.746***	0.788***	0.806***
MCARI2	0.715***	0.753***	0.811***	0.817***
MTCARI	−0.199	−0.775***	−0.818***	−0.784***
NLI	0.708***	0.76***	0.818***	0.801***
OSAVI	0.705***	0.752***	0.812***	0.816***
VIopt	0.711***	0.753***	0.794***	0.82***
RENDVI	0.701***	0.769***	0.819***	0.805***
RESR	0.698***	0.775***	0.813***	0.815***
MNLI	0.715***	0.72***	0.773***	0.806***
WDRVI	0.7***	0.776***	0.83***	0.785***
MTCARI/OSAVI	−0.663***	−0.77***	−0.818***	−0.777***
MCARI1/MRETVI	0.652***	0.77***	0.821***	0.759***
SIPI	0.675***	0.764***	0.823***	0.778***
NGI	−0.61***	−0.755***	−0.815***	−0.708***
T_C	−0.623***	−0.587***	−0.637***	−0.509***

注:无 * 表示相关性不显著,* * * 表示在 $P<0.0001$ 水平上极显著相关。

5.2.3　LAI 反演模型精度评价

从 45 个试验样本中随机选择 35 个样本作为训练集,剩余 10 个样本作为测试集,通过 3 个算法模型反演夏玉米 LAI,各模型反演精度结果如表 5-5~表 5-7 所示。MLR 算法和 SVM 算法构建的模型在拔节期和喇叭口期预测精度相对较低($R^2 < 0.6$),大喇叭口期和吐丝期预测精度相对较高($R^2 > 0.76$),与单一植被指数相关性的变化规律一致,表明模型构建的正确性。

综合 4 个生育期反演效果,RF 算法构建的反演模型效果最佳。不同生育期模型训练集 R^2 分别为 0.892、0.873、0.940、0.931,均高于 MLR 算法(0.664、0.717、0.822、0.770)

和 SVM 算法(0.849、0.587、0.815、0.782);对应的 RMSE 为 0.062、0.099、0.112、0.079 以及 NRMSE 为 8.09%、7.44%、5.78%、6.05%,均低于 MLR 算法和 SVM 算法。模型测试集 7 月 30 日的预测精度虽略低于 SVM 算法和 MLR 算法,但其余 3 个生育期 R^2 分别为 0.707、0.834、0.849,均高于 MLR 算法(0.446、0.434、0.763)和 SVM 算法(0.511、0.569、0.812);对应的 RMSE 为 0.092、0.182、0.158,均低于 MLR 算法(0.186、0.183、0.171)和 SVM 算法(0.127、0.32、0.177);对应的 NRMSE 为 12.04%、13.65%、12.14%,均低于 MLR 算法(24.24%、13.71%、13.16%)和 SVM 算法(16.52%、24.00%、13.64%)。

表 5-5　MLR 模型反演夏玉米 LAI 结果

日期	测试集			训练集		
	R^2	RMSE	NRMSE	R^2	RMSE	NRMSE
7 月 13 日	0.446	0.186	24.24%	0.664	0.099	12.85%
7 月 24 日	0.434	0.183	13.71%	0.717	0.156	11.71%
7 月 30 日	0.803	0.21	10.87%	0.822	0.191	9.87%
8 月 10 日	0.763	0.171	13.16%	0.770	0.134	10.27%

表 5-6　SVM 模型反演夏玉米 LAI 结果

日期	测试集			训练集		
	R^2	RMSE	NRMSE	R^2	RMSE	NRMSE
7 月 13 日	0.511	0.127	16.52%	0.849	0.078	10.11%
7 月 24 日	0.569	0.32	24.00%	0.587	0.187	14.05%
7 月 30 日	0.838	0.227	11.73%	0.815	0.222	11.48%
8 月 10 日	0.812	0.177	13.64%	0.782	0.138	10.58%

表 5-7　RF 模型反演夏玉米 LAI 结果

日期	测试集			训练集		
	R^2	RMSE	NRMSE	R^2	RMSE	NRMSE
7 月 13 日	0.707	0.092	12.04%	0.892	0.062	8.09%
7 月 24 日	0.834	0.182	13.65%	0.873	0.099	7.44%
7 月 30 日	0.794	0.224	11.61%	0.940	0.112	5.78%
8 月 10 日	0.849	0.158	12.14%	0.931	0.079	6.05%

5.2.4　融合 T_C 后模型精度评价

采用夏玉米 LAI 反演效果最优的 RF 算法模型,将 11 种植被指数与 T_C 作为输入变量,LAI 作为输出变量,再次构建夏玉米不同生育期 LAI 反演模型,反演结果如表 5-8 所示,并将各输入变量在模型训练中的相对重要度绘制于图 5-4。

表 5-8 RF 模型反演融合 T_C 后夏玉米 LAI 结果

日期	测试集			训练集		
	R^2	RMSE	NRMSE	R^2	RMSE	NRMSE
7 月 13 日	0.788	0.090	11.79%	0.904	0.058	7.51%
7 月 24 日	0.874	0.181	14.34%	0.895	0.092	6.94%
7 月 30 日	0.810	0.224	11.59%	0.939	0.112	5.81%
8 月 10 日	0.862	0.154	11.87%	0.926	0.080	6.18%

对比表 5-7 与表 5-8,融合 T_C 后 LAI 预测精度均有不同程度的提升,测试集 R^2 分别为 0.788、0.874、0.810、0.862,均高于未融合 T_C 时的 R^2(0.707、0.834、0.794、0.849);对应的 RMSE 为 0.090、0.181、0.224、0.154,均低于未融合 T_C 时的 RMSE(0.092、0.182、0.224 3、0.158);对应的 NRMSE 为 11.79%、14.34%、11.59%、11.87%,均低于(除 7 月 24 日)未融合 T_C 时的 NRMSE(12.04%、13.65%、11.61%、12.14%)。拔节期模型反演精度的提升效果明显优于其余 3 个生育期,且随着生育期的进行,提升效果逐渐降低。分析原因有两方面:一是随着生育期的进行 LAI 不断增加,与冠层温度的相关性逐渐降低;二是拔节期之后的 3 个生育期未融合 T_C 时模型的反演精度已经较高($R^2 > 0.79$),融合 T_C 后反演精度提升效果也就相对较小。由图 5-4 中也可以看出, T_C 在模型训练中的相对重要度不断下降,7 月 30 日和 8 月 10 日 T_C 对于 LAI 反演模型的结果贡献较小,而 7 月 13 日和 7 月 24 日 T_C 对于 LAI 反演模型的结果贡献较大,表明生育前期融合 T_C 可有效提升夏玉米 LAI 反演模型的精度。

5.3 讨 论

本书通过对比拔节期至抽雄吐丝期 4 个时期的植被指数与 LAI 的相关性,发现随着生育期的进行,植被指数与 LAI 的相关性呈上升趋势。分析原因,前期植株较小,试验区裸露土壤较多,降低了植被指数与 LAI 的相关性,张智韬等和谭丞轩等也指出剔除土壤背景是获取准确的冠层光谱信息的关键。此外,通过植被指数与 LAI 的相关性也可以看出,土壤调节植被指数 OSAVI 在 4 个生育期与 LAI 相关性均具有较好的表现,表明土壤背景对 LAI 的反演具有较强的影响,消除土壤背景可以提高 LAI 预测的精度。因此,后续试验应加强玉米拔节期甚至苗期光谱数据的获取,以进一步验证这一观点。

本书分析了 20 种植被指数与 LAI 的相关性,结果发现拔节期包含红边波段的植被指数与 LAI 相关性较高。这是由于植物具有"红边"效应,即绿色植物的光谱响应在"红边"这一窄带区陡然增加(亮度增加约 10 倍)。此带区对叶绿素的变化高度敏感,因此对区分玉米叶片和土壤背景具有较好的效果。由图 5-4 也可以看出,拔节期至喇叭口期,包含红边波段的 RENDVI 比 NDVI 具有更高的相对贡献度,8 月 10 日红边波段的优势仍然明显,这也更加说明前述结论的正确性。

　　本书通过对比 MLR、SVM、RF 3 种算法构建的 LAI 模型反演精度,发现 RF 算法表现更优。热红外、多光谱数据融合反演夏玉米 LAI 相较于仅利用多光谱数据在拔节期和喇叭口期具有较好的提升效果,T_C 在各参数中的相对贡献度较大。大喇叭口期和吐丝期融合 T_C 对 LAI 反演模型的精度提升较小,主要是因为此时夏玉米冠层已较茂密,植株蒸腾等的影响变得明显,使得冠层温度与 LAI 的相关性降低。表 5-4 中各时期 T_C 与 LAI 的相关性系数,相较同时期植被指数的相关性系数差值逐渐扩大,T_C 对 LAI 反演的贡献度也随之下降。本书仅选取了 3 种较为常用的算法,对于 PLSR 算法、岭回归算法、GBDT 算法以及 ACRM 模型等反演大田夏玉米 LAI 效果如何仍需后续验证,夏玉米其他生育期 LAI 反演效果如何以及植被指数的选取也需后续试验进一步验证。

5.4　本章小结

　　(1)不同生育期的植被指数与 LAI、T_C 与 LAI 均具有较强的相关性(除 MTCRI 指数外),4 个时期的相关性均在 $P < 0.000\ 1$ 水平上极显著,相关性系数绝对值最低不小于 0.5,最高可达 0.83。

　　(2)通过对比 3 个算法构建的 LAI 反演模型,发现 RF 算法反演效果最优,各生育期 LAI 预测值与实测值 R^2 均在 0.7 以上,且相较于 MLR 算法和 SVM 算法更加稳定。

　　(3)融合热红外 T_C 后的 LAI 反演模型均有不同程度的提升,T_C 的加入提升了夏玉米 LAI 反演精度,提高了大田夏玉米 LAI 低空遥感监测精度。

第6章　光谱感知冬小麦产量预测

在传统的试验中,估产通用的方法是在田间随机选一块或几块区域进行人工测产,用小范围产量数据对大田的产量进行估算。这种估算的方法费时费力,且选典型测产区在很大程度上决定了估产的准确性。随着现代信息技术的发展,利用全生育期的光谱影像估算产量在现代试验研究中应用逐渐增多(Eugenio et al., 2020; Fu et al., 2020a; Maimaitijiang et al., 2020b),也为现代化农业的管理提供了技术和方法的支撑。目前,关于光谱数据估算产量的方法大多集中在统计分析、机器学习、深度学习等方面,利用的光谱影像大多集中在 RGB、多光谱、高光谱、激光雷达等。

前述中显示在未实现充分灌溉的条件下,三个灌溉水平处理对冬小麦株高和叶面积产生了显著的影响,进而表明不同灌溉水平处理对冬小麦特别是拔节期的生理生长产生了显著的影响。本章主要采用多光谱影像数据结合热红外数据,利用全生育期内飞行 9 次的影像数据,全程跟踪冬小麦的生理生长过程,根据光谱指数开展机器学习的方法进行三个灌溉水平处理情况下 180 个试验小区的产量预测,对比分析热红外数据在灌溉处理中对产量预测的效果。

6.1　材料与方法

6.1.1　指数运算

本章采用文献中出现的多光谱指数结合热红外作物水分亏缺指数,进行植被指数与产量相关性分析,多光谱植被指数公式及其简述见表 6-1。

表 6-1　常用的多光谱植被指数及简介

植被指数名称	计算公式	解释	反映的农学形状
Difference vegetation index (DVI)	$DVI = Band_{NIR} - Band_R$	差异植被指数,近红外波段和红波段的差值	LAI,生物量,FAPAR
Enhanced vegetation index (EVI)	$EVI = 2.5 \times \dfrac{Band_{NIR} - Band_R}{Band_{NIR} + 6 \times Band_R - 7.5 \times Band_B + 1}$	增强植被指数,是一种"优化"植被指数,旨在通过消除冠层背景信号的耦合和减少大气影响,提高生物量地区植被信号的灵敏度,并改进植被监测	LAI,生物量,FAPAR

续表 6-1

植被指数名称	计算公式	解释	反映的农学形状
Green normalized difference vegetation index（GNDVI）	$GNDVI = \dfrac{Band_{NIR} - Band_{G}}{Band_{NIR} + Band_{G}}$	绿色归一化植被指数,类似归一化植被指数,主要用绿波段来替代红波段	LAI,生物量,叶绿素,FAPAR
Plant pigment ratio（PPR）	$PPR = \dfrac{Band_{G} - Band_{B}}{Band_{G} + Band_{B}}$	植被色素比率,主要用来评估绿色含量的多少	叶绿素
Structure insensitive pigment index（SIPI）	$SIPI = \dfrac{Band_{NIR} - Band_{B}}{Band_{NIR} + Band_{R}}$	结构不敏感色素指数,用来最大限度地提高类胡萝卜素(例如 α-胡萝卜素和 β-胡萝卜素)与叶绿素比率在冠层结构(如叶面积指数)减少时的敏感度,SIPI 的增加标志着冠层胁迫性的增加。可用于植被健康监测、植物生理胁迫性检测及作物生产和产量分析	叶绿素
Red-edge chlorophyll index	$CI_{Red\text{-}edge} = \dfrac{Band_{NIR}}{Band_{Red\text{-}edge}} - 1$	红边叶绿素指数,主要利用红边特征,进行叶绿素含量估算	叶绿素
Red edge NDVI	$NDVI_{Red\text{-}edge} = \dfrac{Band_{NIR} - Band_{Red\text{-}edge}}{Band_{NIR} + Band_{Red\text{-}edge}}$	红边归一化植被指数,类似归一化植被指数,主要用红边波段来替代红波段	叶绿素
MERIS terrestrial chlorophyll index（MTCI）	$MTCI = \dfrac{Band_{NIR} - Band_{Red\text{-}edge}}{Band_{Red\text{-}edge} - Band_{R}}$	MERIS 陆地叶绿素指数,将红边、近红外和红波段进行整合,尝试改善叶绿素含量的估算精度	叶绿素,LAI,生物量,FAPAR
Modified chlorophyll absorption ratio index（MCARI）	$MCARI = [Band_{Red\text{-}edge} - Band_{R} - 0.2 \times (Band_{Red\text{-}edge} - Band_{G})] \times \dfrac{Band_{Red\text{-}edge}}{Band_{R}}$	改良叶绿素吸收率指数,将红边、绿、近红外和红波段进行整合,尝试改善叶绿素含量的估算精度	叶绿素

续表 6-1

植被指数名称	计算公式	解释	反映的农学形状
Triangular vegetation index（TVI）	$TVI = 60 \times (Band_{NIR} - Band_G) - 100 \times (Band_R - Band_G)$	三角植被指数，将绿、近红外和红波段进行整合，尝试改善 LAI 的估算精度	LAI，生物量，FAPAR
Modified triangular vegetation index（MTVI2）	$MTVI2 = \dfrac{1.5 \times [1.2 \times (Band_{NIR} - Band_G) - 2.5 \times (Band_R - Band_G)]}{\sqrt{(2 \times Band_{NIR} + 1)^2 - (6 \times Band_{NIR} - 5 \times \sqrt{Band_R}) - 0.5}}$	改善三角植被指数 2，将绿、近红外和红波段进行一步优化整合，尝试进一步改善 LAI 的估算精度	LAI，生物量，FAPAR
MCARI/MTVI2		将改良叶绿素吸收率指数和改善三角植被指数 2 进行比值处理，减少冠层结构对叶绿素估算的影响	叶绿素
Transformed chlorophyll absorption reflectance index（TCARI）	$TCARI = 3 \times \left[(Band_{Red-edge} - Band_R) - 0.2 \times (Band_{Red-edge} - Band_G) \times \dfrac{Band_{Red-edge}}{Band_R} \right]$	转化叶绿素吸收反射指数，将绿、近红外和红边波段进行优化整合，尝试改善叶绿素的估算精度	叶绿素
Optimization of soil-adjusted vegetation index（OSAVI）	$OSAVI = (1 + 0.16) \times \dfrac{Band_{NIR} - Band_R}{Band_{NIR} + Band_R + 0.16}$	优化土壤调节植被指数，减少土壤背景的影响，进一步改善 LAI 的估算精度	LAI，生物量，FAPAR
TCARI/OSAVI		转化叶绿素吸收反射指数与优化土壤调节植被指数的比值，减少冠层结构对叶绿素估算的影响	叶绿素
Normalized difference vegetation index（NDVI）	$NDVI = \dfrac{Band_{NIR} - Band_R}{Band_{NIR} + Band_R}$	类似归一化植被指数，主要用近红外和红波段来组合	叶绿素，LAI，生物量，FAPAR

续表 6-1

植被指数名称	计算公式	解释	反映的农学形状
Ratio vegetation index（RVI1）	$\mathrm{RVI1} = \dfrac{\mathrm{Band_{NIR}}}{\mathrm{Band_R}}$	比率植被指数,主要用近红外和红波段来组合,主要改善高 LAI 的估算精度	叶绿素,LAI,生物量,FAPAR
Ratio vegetation index（RVI2）	$\mathrm{RVI2} = \dfrac{\mathrm{Band_{NIR}}}{\mathrm{Band_G}}$	比率植被指数,主要用近红外和绿波段来组合,主要改善高 LAI 的估算精度	叶绿素,LAI,生物量,FAPAR
PPR/NDVI		植被色素比率与归一化植被指数的比率,减少冠层结构对叶绿素估算的影响	叶绿素
SIPI/RVI1		结构不敏感色素指数与比率植被指数的比率,减少冠层结构对叶绿素估算的影响	叶绿素
Modified nonlinear vegetation index（MNVI）	$\mathrm{MNVI} = \dfrac{1.5 \times (\mathrm{Band_{NIR}^2} - \mathrm{Band_R})}{\mathrm{Band_{NIR}^2} + \mathrm{Band_R} + 0.5}$	改进的非线性植被指数,改善高 LAI 的估算精度	LAI,生物量,FAPAR
Soil-adjusted vegetation index（SAVI）	$\mathrm{SAVI} = \dfrac{\mathrm{Band_{NIR}} - \mathrm{Band_R}}{\mathrm{Band_{NIR}} + \mathrm{Band_R} + L}(1+L)$,　$L = 0.5$	土壤调节植被指数,减少土壤背景的影响,尝试改善 LAI 的估算精度	LAI,生物量,FAPAR
The second modified SAVI（MSAVI2）		第二修正的优化土壤调节植被指数,减少土壤背景的影响,进一步改善 LAI 的估算精度	LAI,生物量,FAPAR

续表 6-1

植被指数名称	计算公式	解释	反映的农学形状
Modified simple ratio（MSR）	$\mathrm{MSR}=\dfrac{\dfrac{\mathrm{Band_{NIR}}}{\mathrm{Band_R}}-1}{\sqrt{\dfrac{\mathrm{Band_{NIR}}}{\mathrm{Band_R}}}+1}$	改善简单比率指数,主要改善高LAI的估算精度	LAI,生物量,FAPAR
Nonlinear vegetation index（NLI）	$\mathrm{NLI}=\dfrac{\mathrm{Band_{NIR}^2}-\mathrm{Band_R}}{\mathrm{Band_{NIR}^2}+\mathrm{Band_R}}$	非线性植被指数,改善高LAI的估算精度	LAI,生物量,FAPAR
Renormalized difference vegetation index（RDVI）	$\mathrm{RDVI}=\dfrac{\mathrm{Band_{NIR}}-\mathrm{Band_R}}{\sqrt{\mathrm{Band_{NIR}}+\mathrm{Band_R}}}$	重归一化植被指数,主要用来估算LAI和生物量	LAI,生物量,FAPAR

6.1.2　数据分析处理方法

6.1.2.1　数据分析方法

本书采用递归特征消除(recursive feature elimination,RFE)方法对植被指数进行特征选择筛选出最佳植被指数子集。RFE主要是从训练数据集中搜索特征子集,反复构建模型,消除无用特征,直到保留所需的数量,获取最佳特征子集,具有简单、可读性强等优点。本书选用递归特征消除方法的原因是:①去除数据集中存在的冗余和不想管的特征,提高学习器的泛化能力;②减少预测需要的计算时间;③节省存储空间。

同时采用支持向量机(SVM)分析方法,分别建立各时期最佳植被指数子集与冬小麦产量的估算模型。SVM使用铰链损失函数计算经验风险,并在结果中加入正则化项来优化结构风险,具有非线性学习能力和高准确率,且泛化能力强,能够解决高维问题并且避免过拟合现象的产生。SVM的非线性学习能力取决于所选择的核函数,其泛化能力归功于结构风险最小化原则。

6.1.2.2　模型精度验证

本书利用R语言对冠层光谱信息进行处理实现植被指数计算、相关性分析和产量估算模型的建立。每个模型使用交叉验证法验证其精度,取其交叉验证结果产生的决定性系数(R^2)、均方根误差(RMSE)和归一化均方根误差(NRMSE)的均值作为估测模型和验证模型精度评价的指标。估测模型所对应的R^2越大,RMSE和NRMSE越小,说明模型的预测精度越高。

$$R^2=\frac{\sum\limits_{i=1}^{n}\left(X_i-\overline{X}\right)^2\left(Y_i-\overline{Y}\right)^2}{n\sum\limits_{i=1}^{n}\left(X_i-\overline{X}\right)^2\sum\limits_{i=1}^{n}\left(Y_i-\overline{Y}\right)^2}$$

$$RMSE = \sqrt{\dfrac{\sum\limits_{i=1}^{n} (Y_i - \overline{X_i})^2}{n}}$$

$$NRMSE = \dfrac{RMSE}{\overline{X}} \times 100\%$$

式中：X_i、$\overline{X}$ 分别为实测值及其均值；Y_i、$\overline{Y}$ 分别为估测值及其均值；n 为估测模型样本数量。

6.1.3　试验处理

根据灌溉试验需求,本试验采用了冬小麦 30 个品种材料(中国农业科学院作物科学研究所提供品种材料),每个灌溉水平处理下 60 个小区,30 份品种材料做 2 个重复,每个重复 30 个小区内的播种采用随机播种方法,三个灌溉水平处理下共 180 个小区,具体小区对应的播种材料见表 6-2。小区编号见图 6-1。

表 6-2　三个灌溉水平处理下各小区小麦材料品种

IT_1				IT_2				IT_3			
品种编号	材料名	序号	重复	品种编号	材料名	序号	重复	品种编号	材料名	序号	重复
1	周麦 16	1	1	22	鲁原 502	1	1	2	鲁麦 23	1	1
2	鲁麦 23	2	1	4	豫麦 2 号	2	1	21	周麦 22	2	1
3	淮麦 18	3	1	27	中麦 895	3	1	16	邯 6172	3	1
4	豫麦 2 号	4	1	23	鲁麦 15	4	1	17	豫麦 34	4	1
5	周麦 32	5	1	28	济麦 19	5	1	22	鲁原 502	5	1
6	郑麦 366	6	1	29	石家庄 8	6	1	26	鲁麦 14	6	1
7	中麦 578	7	1	8	豫麦 18	7	1	23	鲁麦 15	7	1
8	豫麦 18	8	1	17	豫麦 34	8	1	10	矮抗 58	8	1
9	偃展 4110	9	1	2	鲁麦 23	9	1	12	中麦 255	9	1
10	矮抗 58	10	1	16	邯 6172	10	1	7	中麦 578	10	1
11	济麦 22	11	1	3	淮麦 18	11	1	19	良星 99	11	1
12	中麦 255	12	1	14	中麦 875	12	1	30	内乡 188	12	1
13	石 4185	13	1	24	济南 17	13	1	3	淮麦 18	13	1
14	中麦 875	14	1	9	偃展 4110	14	1	8	豫麦 18	14	1
15	郑 9023	15	1	7	中麦 578	15	1	25	周麦 18	15	1
16	邯 6172	16	1	19	良星 99	16	1	9	偃展 4110	16	1
17	豫麦 34	17	1	12	中麦 255	17	1	28	济麦 19	17	1
18	山农 20	18	1	6	郑麦 366	18	1	4	豫麦 2 号	18	1

续表 6-2

IT₁				IT₂				IT₃			
品种编号	材料名	序号	重复	品种编号	材料名	序号	重复	品种编号	材料名	序号	重复
19	良星 99	19	1	18	山农 20	19	1	11	济麦 22	19	1
20	鲁麦 21	20	1	10	矮抗 58	20	1	20	鲁麦 21	20	1
21	周麦 22	21	1	21	周麦 22	21	1	5	周麦 32	21	1
22	鲁原 502	22	1	1	周麦 16	22	1	24	济南 17	22	1
23	鲁麦 15	23	1	30	内乡 188	23	1	18	山农 20	23	1
24	济南 17	24	1	11	济麦 22	24	1	6	郑麦 366	24	1
25	周麦 18	25	1	13	石 4185	25	1	27	中麦 895	25	1
26	鲁麦 14	26	1	25	周麦 18	26	1	29	石家庄 8	26	1
27	中麦 895	27	1	5	周麦 32	27	1	15	郑 9023	27	1
28	济麦 19	28	1	26	鲁麦 14	28	1	14	中麦 875	28	1
29	石家庄 8	29	1	20	鲁麦 21	29	1	1	周麦 16	29	1
30	内乡 188	30	1	15	郑 9023	30	1	13	石 4185	30	1
9	偃展 4110	31	2	22	鲁原 502	31	2	28	济麦 19	31	2
11	济麦 22	32	2	24	济南 17	32	2	9	偃展 4110	32	2
25	周麦 18	33	2	11	济麦 22	33	2	29	石家庄 8	33	2
8	豫麦 18	34	2	14	中麦 875	34	2	7	中麦 578	34	2
26	鲁麦 14	35	2	19	良星 99	35	2	11	济麦 22	35	2
13	石 4185	36	2	28	济麦 19	36	2	8	豫麦 18	36	2
18	山农 20	37	2	29	石家庄 8	37	2	22	鲁原 502	37	2
24	济南 17	38	2	15	郑 9023	38	2	2	鲁麦 23	38	2
1	周麦 16	39	2	12	中麦 255	39	2	21	周麦 22	39	2
16	邯 6172	40	2	3	淮麦 18	40	2	12	中麦 255	40	2
12	中麦 255	41	2	1	周麦 16	41	2	23	鲁麦 15	41	2
27	中麦 895	42	2	9	偃展 4110	42	2	14	中麦 875	42	2
29	石家庄 8	43	2	26	鲁麦 14	43	2	5	周麦 32	43	2
23	鲁麦 15	44	2	30	内乡 188	44	2	18	山农 20	44	2
4	豫麦 2 号	45	2	5	周麦 32	45	2	24	济南 17	45	2
2	鲁麦 23	46	2	7	中麦 578	46	2	15	郑 9023	46	2
22	鲁原 502	47	2	25	周麦 18	47	2	6	郑麦 366	47	2
28	济麦 19	48	2	20	鲁麦 21	48	2	13	石 4185	48	2

续表 6-2

IT₁				IT₂				IT₃			
品种编号	材料名	序号	重复	品种编号	材料名	序号	重复	品种编号	材料名	序号	重复
20	鲁麦 21	49	2	23	鲁麦 15	49	2	10	矮抗 58	49	2
21	周麦 22	50	2	2	鲁麦 23	50	2	20	鲁麦 21	50	2
3	淮麦 18	51	2	21	周麦 22	51	2	3	淮麦 18	51	2
6	郑麦 366	52	2	8	豫麦 18	52	2	1	周麦 16	52	2
14	中麦 875	53	2	16	邯 6172	53	2	25	周麦 18	53	2
15	郑 9023	54	2	17	豫麦 34	54	2	30	内乡 188	54	2
5	周麦 32	55	2	18	山农 20	55	2	16	邯 6172	55	2
10	矮抗 58	56	2	27	中麦 895	56	2	19	良星 99	56	2
30	内乡 188	57	2	6	郑麦 366	57	2	4	豫麦 2 号	57	2
19	良星 99	58	2	4	豫麦 2 号	58	2	27	中麦 895	58	2
7	中麦 578	59	2	10	矮抗 58	59	2	17	豫麦 34	59	2
17	豫麦 34	60	2	13	石 4185	60	2	26	鲁麦 14	60	2

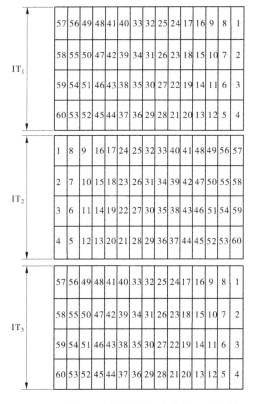

图 6-1　灌溉处理对应的小区编号

6.2　结果与分析

6.2.1　实测产量分布

不同灌溉水平处理下产量分布如图 6-2 所示,三个灌溉水平处理下,产量的分布存在显著的差异,转换成亩产及其千粒重如图 6-3、表 6-3 所示。三个灌溉水平处理下各小区产量均值分别为 8.0 kg、6.7 kg、4.9 kg;千粒重分别为 41.5 g、39.8 g、35.5 g。三个灌溉水平处理下产量梯度差异较千粒重差异梯度明显,说明三个灌溉水平处理下灌溉量越多不仅千粒重大,而且麦粒也多。

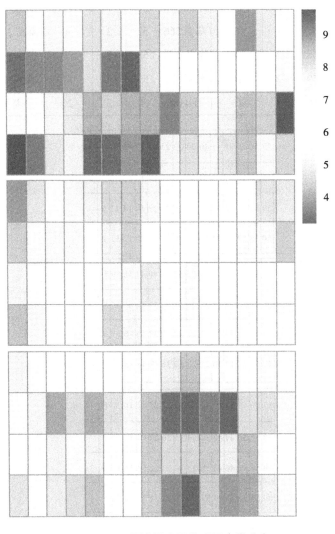

图 6-2　不同灌溉水平处理下产量分布

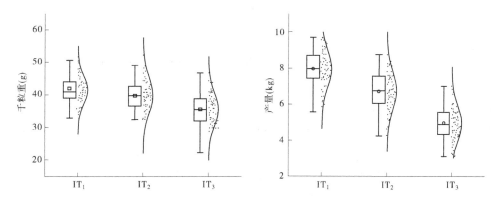

图 6-3　三个灌溉水平处理下产量、千粒重

表 6-3　各小区产量及千粒重

IT₁			IT₂			IT₃		
序号	千粒重（g）	产量（kg）	序号	千粒重（g）	产量（kg）	序号	千粒重（g）	产量（kg）
1	35.9	5.88	1	44.1	7.83	1	46.8	5.79
2	42.4	7.88	2	39.5	4.66	2	38.2	5.23
3	40.0	8.88	3	40.8	6.10	3	36.1	5.45
4	40.0	6.78	4	37.0	6.64	4	34.7	5.25
5	40.0	7.75	5	38.8	6.33	5	38.8	5.28
6	40.0	8.33	6	40.8	5.94	6	34.2	4.21
7	39.5	7.54	7	37.9	5.77	7	35.6	4.80
8	38.9	8.23	8	46.8	7.60	8	34.6	5.28
9	39.2	7.41	9	48.5	8.26	9	41.1	6.84
10	38.4	7.68	10	35.0	8.13	10	44.4	6.57
11	44.9	8.01	11	38.3	7.61	11	38.3	6.01
12	43.1	7.43	12	44.1	7.55	12	35.4	5.78
13	34.7	7.48	13	36.5	7.13	13	34.8	6.07
14	40.8	7.01	14	40.8	7.85	14	37.1	6.71
15	40.7	8.32	15	52.4	8.75	15	40.0	7.54
16	43.4	9.25	16	39.2	8.21	16	39.5	7.01
17	48.1	9.02	17	41.7	7.24	17	40.0	5.05
18	39.0	9.07	18	41.8	7.57	18	37.7	3.94
19	47.1	8.82	19	37.1	7.60	19	33.5	4.47
20	40.9	8.00	20	35.5	6.65	20	32.5	4.05

续表 6-3

IT$_1$			IT$_2$			IT$_3$		
序号	千粒重（g）	产量（kg）	序号	千粒重（g）	产量（kg）	序号	千粒重（g）	产量（kg）
21	44.1	9.21	21	39.3	7.68	21	37.2	4.55
22	44.2	9.57	22	43.8	8.26	22	31.0	4.99
23	40.0	7.95	23	40.9	6.47	23	33.0	4.19
24	33.6	6.39	24	40.0	5.74	24	36.9	3.29
25	35.9	6.13	25	32.5	5.59	25	30.7	3.25
26	32.9	5.58	26	40.0	5.45	26	35.9	3.46
27	35.2	6.21	27	40.9	6.40	27	20.5	3.13
28	40.9	6.45	28	32.9	5.18	28	44.0	4.58
29	36.2	6.01	29	34.7	5.15	29	40.7	4.59
30	39.0	7.40	30	23.8	4.28	30	30.0	5.16
31	41.6	9.71	31	44.1	6.78	31	37.5	5.63
32	43.9	8.21	32	32.5	5.83	32	38.2	5.38
33	46.1	8.42	33	37.0	6.12	33	31.9	4.18
34	45.0	7.69	34	45.8	6.43	34	41.8	4.93
35	36.4	7.38	35	39.6	6.02	35	34.8	4.32
36	36.1	8.35	36	39.9	5.17	36	30.0	4.46
37	41.8	9.10	37	35.0	5.48	37	38.8	4.57
38	38.0	8.59	38	26.0	4.74	38	41.1	4.32
39	42.2	8.58	39	42.1	7.43	39	41.0	5.56
40	41.4	8.17	40	45.5	7.46	40	32.1	5.55
41	47.8	8.53	41	36.2	6.39	41	35.9	4.85
42	38.5	7.86	42	42.6	6.80	42	41.3	5.23
43	42.5	7.60	43	36.6	6.57	43	37.0	4.93
44	40.0	6.70	44	33.3	6.81	44	31.5	5.53
45	41.4	7.03	45	44.9	7.49	45	32.5	5.90
46	43.7	9.66	46	55.7	8.37	46	22.3	4.70
47	48.1	9.16	47	39.3	7.42	47	43.7	5.58
48	39.3	7.89	48	35.5	6.81	48	29.9	4.76
49	39.4	7.64	49	38.6	6.89	49	32.3	4.50
50	44.6	9.43	50	49.1	6.56	50	28.7	4.24
51	40.7	9.37	51	43.0	8.14	51	31.1	5.59

续表 6-3

	IT$_1$			IT$_2$			IT$_3$	
序号	千粒重（g）	产量（kg）	序号	千粒重（g）	产量（kg）	序号	千粒重（g）	产量（kg）
52	41.2	8.81	52	38.7	7.58	52	40.7	6.05
53	51.9	9.56	53	41.7	7.26	53	30.0	4.29
54	42.3	7.54	54	47.7	6.72	54	34.5	3.65
55	46.1	8.00	55	36.7	7.03	55	31.2	3.16
56	40.0	7.57	56	40.7	6.35	56	32.9	4.32
57	43.8	7.88	57	40.0	6.71	57	34.7	3.83
58	47.0	8.37	58	42.5	5.52	58	31.9	3.98
59	50.6	7.43	59	37.6	6.21	59	38.6	4.79
60	50.0	8.15	60	34.3	7.07	60	30.0	5.13

　　三个灌溉水平处理下,不同品种对应的产量及千粒重见表 6-4。IT$_1$ 灌溉处理条件下产量最大的材料品种是鲁原 502,三个灌溉水平处理下总产量最高的是周麦 22,总产量最低的豫麦 2 号。三个灌溉水平处理下千粒重均值最大的是中麦 578,千粒重均值最小的是济南 17。三个灌溉水平处理下同一种品种材料下差值作为衡量灌溉对品种影响指标,发现受灌溉影响最大的品种是鲁原 502,受灌溉影响最小的品种是周麦 18;千粒重受灌溉影响最大和最小的品种分别是鲁原 502 和石 4185。单从品种的产量和千粒重表现看,对本试验处理条件下不同试验小区三个灌溉水平最敏感的品种是鲁原 502。

表 6-4　不同品种对应的产量及千粒重

品种序号	产量（kg）			千粒重（g）		
	IT$_1$	IT$_2$	IT$_3$	IT$_1$	IT$_2$	IT$_3$
周麦 16	7.23	7.32	5.32	39.05	40.00	31.50
鲁麦 23	8.77	7.41	5.06	43.05	48.80	29.50
淮麦 18	9.12	7.53	5.83	40.35	41.90	25.50
豫麦 2 号	6.90	5.09	3.88	40.70	41.00	30.00
周麦 32	7.88	6.94	4.74	43.05	42.90	36.00
郑麦 366	8.57	7.14	4.44	40.60	40.90	37.50
中麦 578	7.48	8.56	5.75	45.05	54.05	30.50
豫麦 18	7.96	6.68	5.58	41.95	38.30	29.50
偃展 4110	8.56	7.32	6.19	40.40	41.70	28.00
矮抗 58	7.62	6.43	4.89	39.20	36.55	39.50

续表 6-4

品种序号	产量（kg）			千粒重（g）		
	IT_1	IT_2	IT_3	IT_1	IT_2	IT_3
济麦 22	8.11	5.93	4.39	44.40	38.50	28.50
中麦 255	7.98	7.34	6.19	45.45	41.90	28.00
石 4185	7.92	6.33	4.96	35.40	33.40	42.50
中麦 875	8.28	6.99	4.90	46.35	44.95	23.00
郑 9023	7.93	4.51	3.92	41.50	24.90	34.00
邯 6172	8.71	7.70	4.31	42.40	38.35	31.50
豫麦 34	8.58	7.16	5.02	49.05	47.25	31.00
山农 20	9.08	7.32	4.86	40.40	36.90	37.00
良星 99	8.60	7.12	5.16	47.05	39.40	25.50
鲁麦 21	7.82	5.98	4.14	40.15	35.10	38.50
周麦 22	9.32	7.91	5.39	44.35	41.15	36.00
鲁原 502	9.36	7.30	4.92	46.15	44.10	16.00
鲁麦 15	7.32	6.76	4.82	40.00	37.80	26.50
济南 17	7.49	6.48	5.44	35.8	34.50	22.50
周麦 18	7.28	6.44	5.91	41.00	39.65	36.50
鲁麦 14	6.48	5.88	4.67	34.65	34.75	35.50
中麦 895	7.04	6.22	3.61	36.85	40.75	29.50
济麦 19	7.17	5.75	5.34	40.10	39.35	20.50
石家庄 8	6.80	5.71	3.82	39.35	37.9	21.50
内乡 188	7.64	6.64	4.71	41.40	37.10	33.50

在三个灌溉水平处理下,产量的分布也随之发生变化。图 6-4 分别表示三个灌溉水平处理下的产量密度分布。IT_2 灌溉处理下的产量密度分布基本呈现正态分布变化趋势,IT_1 和 IT_3 产量密度分布趋势相反,IT_1 高产量密度分布大,IT_3 低产量密度分布多。IT_1 的

产量波动较其他两个灌溉水平处理大,IT$_2$产量分布相对比较均匀。

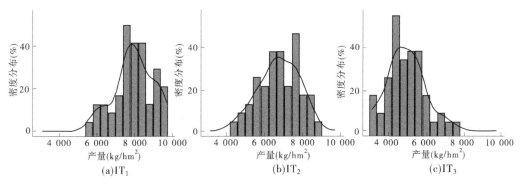

$$(a)IT_1 \qquad\qquad (b)IT_2 \qquad\qquad (c)IT_3$$

图 6-4　三个灌溉水平处理下的产量密度分布

6.2.2　植被指数变化趋势

基于八个时期三种不同灌溉水平处理下的多光谱热红外数据及相关性分析如图 6-5 所示。图 6-5 中各个时期对应的日期见表 6-5。指数与不同时期的相关性分析发现 EVI 在三个灌溉水平处理下变化最为显著,T$_6$、T$_7$、T$_8$时期三个灌溉水平处理下的植被指数平均数差异性大,其中差异性最大的是 T$_8$时期,最大差值达到 0.47。在 CIRE 指数趋势图中显示,植被指数平均数差异显著的出现在 T$_6$、T$_7$、T$_8$时期,其中 T$_8$时期 IT$_1$ 和 IT$_3$ 的差异性最显著,最大差值为 3.04。对比分析 DVI 全生育期变化看,T$_6$、T$_7$、T$_8$时期的植被指数平均数差异明显且 T$_8$时期最明显,差值为 0.24。GNDVI 指数生育期变化中分析,植被指数平均数差异显著的是 T$_6$、T$_7$、T$_8$时期,差异性显著的是 T$_8$时期,最大差值为 0.23。针对 MCARI 不同时期三个灌溉水平处理下变化趋势分析发现,各时期的植被指数平均数中 T$_5$、T$_7$、T$_8$时期的差异明显,T$_8$时期差异最明显,最大差值为 0.31。MCARI_MTVI2 指数中,各时期的植被指数平均数差异不明显,最大差值为 0.08。从 MNVI 指数变化趋势图中看,差异性显著的是 T$_7$、T$_8$时期,最大差值达到 0.43。MSR、RVI2、MTVI2、TVI 指数,差异性显著的是 T$_5$、T$_6$、T$_7$、T$_8$时期,其中最显著的是 T$_8$时期,最大差值 3.56、9.93、0.6。其中 TVI 指数 T$_7$时期差异性最显著,最大差值为 7.17,出现在 IT$_1$ 和 IT$_3$ 之间。

MTCI、NDVI、NDVIRE、NLI、OSAVI、SAVI 等指数在三个灌溉水平处理下不同时期内变化趋势中发现,T$_6$、T$_7$、T$_8$时期的差异性显著,T$_8$时期最显著,差值分别达到 2.52、0.48、0.40、0.94、0.42、0.36。PPR 指数图上显示,差异性不显著,差异性最大的是 T$_8$时期,最大差值为 0.07。PPR_NDVI 指数,差异性显著是 T$_8$时期,IT$_1$ 和 IT$_3$ 之间差异性最大,差值为 0.33。RDVI、RVI1、SIPI、SIPI_RVI1 不同时期趋势变化中,T$_7$、T$_8$时期差异性显著,最大差异性出现在 T$_8$时期,差值分别为 0.34、24.99、0.36、0.55。TCARI,各时期差异性不明显,最大差值为 0.08。TCARI_OSAVI,T$_8$时期差异性显著,最大差值为 0.21。CWSI 生育期内指数变化趋势发现,T$_3$、T$_4$、T$_5$、T$_6$、T$_7$、T$_8$时期差异性显著,差异性最显著的是 T$_6$时期 IT$_1$ 和 IT$_3$ 处理之间,最大差值为 0.26。

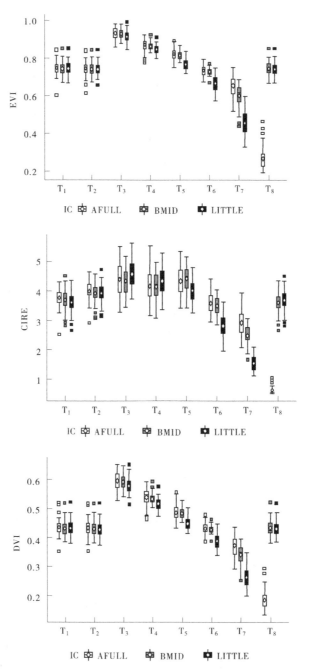

图 6-5　植被指数在三个灌溉水平处理下不同生育期变化趋势

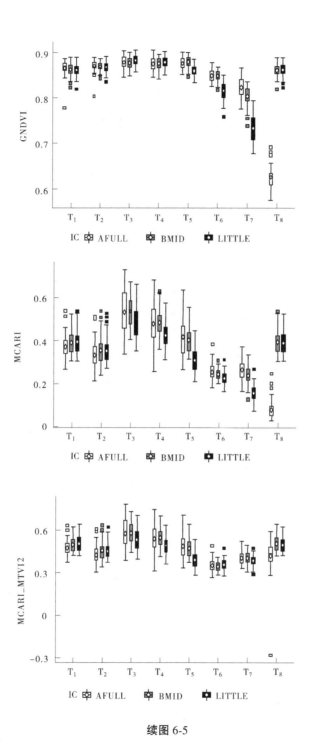

续图 6-5

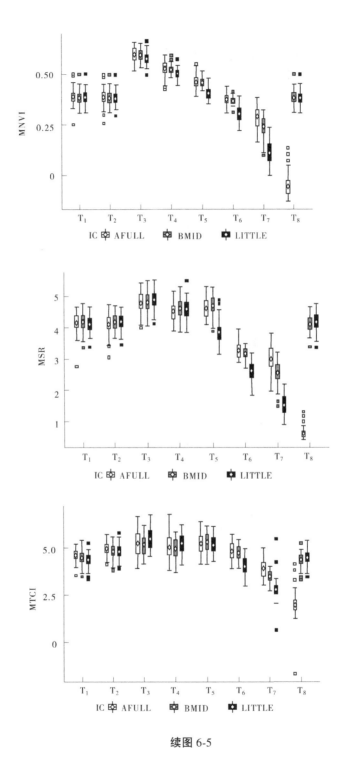

续图 6-5

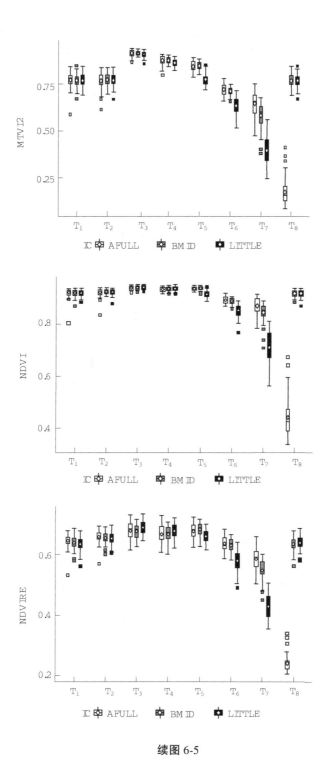

续图 6-5

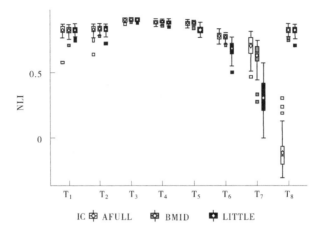

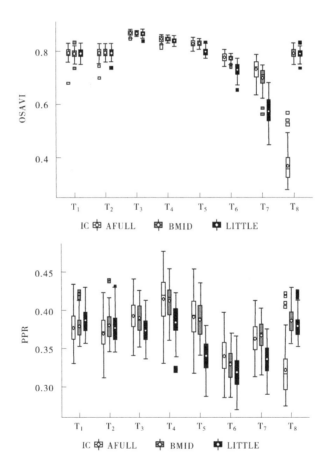

续图 6-5

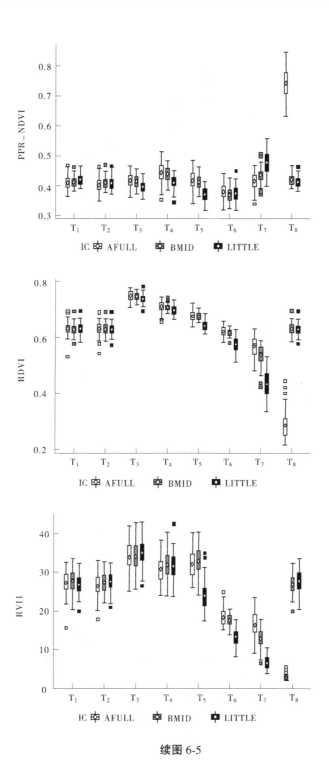

续图 6-5

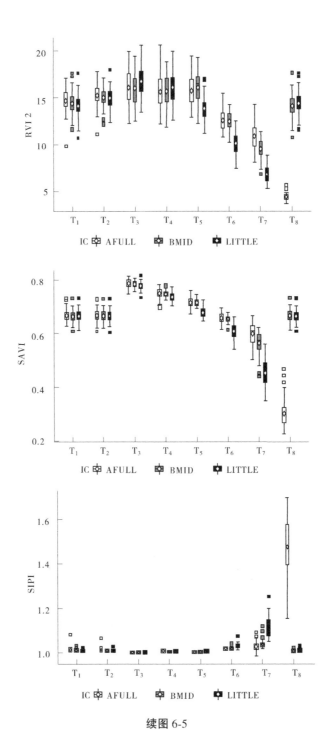

续图 6-5

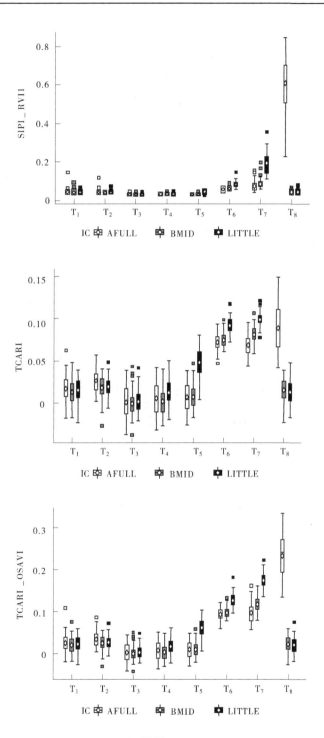

续图 6-5

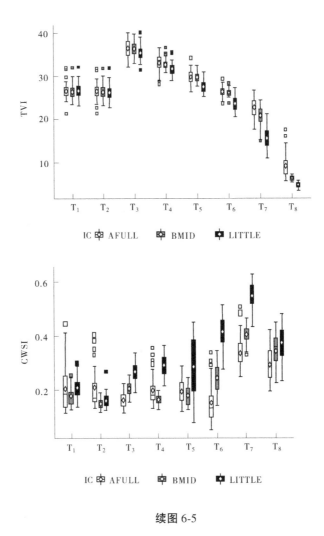

续图 6-5

表 6-5　图 6-5 中各个时期对应的日期

T_1	T_2	T_3	T_4	T_5	T_6	T_7	T_8
3 月 15 日	3 月 20 日	4 月 3 日	4 月 14 日	4 月 23 日	4 月 30 日	5 月 10 日	5 月 28 日

6.2.3　植被指数与产量的相关性分析

　　由表 6-6 不同日期的植被指数相关性分析可知,3 月 15 日各个植被指数与实测产量的相关性不明显,相关性相对最好的植被指数为 MTCI,相关性系数仅为 0.18,其他各植被指数几乎呈现不出相关性。3 月 20 日各个植被指数与实测产量的相关性有所提高,但是相关性仍然不明显,植被指数 MTVI2、NLI 仍呈现不出任何相关性,其中相关性最好的植被指数是 MTCI,相关性系数为 0.16。4 月 3 日植被指数 TVI、SAVI、RDVI、PPR

（NDVI）、PPR、OSAVI、NLI、MTVI2、MNVI、MCARI（MTVI2）、MCARI、EVI、DVI 与实测产量
的相关性系数有些许增加，其他各植被参数的相关性系数较前两天没有变化甚至有所降
低，其中相关性最好的植被指数为 PPR、PPR（NDVI），相关性指数为 0.29。4 月 14 日植
被指数 DVI、MNVI、NLI、PPR、PPR（NDVI）、SIPI、TCARI（OSAVI）相关性系数略微增加但
表现仍不显著，其他各植被指数相关性系数几乎没有变化，其中相关性最好的植被指数为
PPR，相关性系数为 0.43。4 月 23 日植被指数 CIRE、MTCI、NDVIRE 相关性仍然不显著，
相关性系数为 0.28、0.09、0.27，其他各个植被指数都表现出显著相关性，这一时期相关
性最好的是 TCARI 和 TCARI（OSAVI），相关性系数绝对值为 0.63。4 月 30 日植被指数
MCARI、MCARI（MTVI2）、PPR、PPR（NDVI）无显著相关，其他各植被指数均呈现出显著相
关，相关性系数最大的是 RVI1 指数，为 0.61。5 月 10 日植被指数 MCARI（MTVI2）、MTCI、
PPR 相关性不明显，其他各植被指数呈现出极显著相关性，相关性最好的是 MSR、CIRE 指
数，为 0.67。5 月 28 日植被指数 MCARI（MTVI2）表现无显著相关性，其他各植被指数均呈
现出极显著相关，相关性最显著的 NDVIRE 指数，为 0.63。对比各个时期植被指数，5 月 28
日各植被指数所呈现出的相关性最显著。不同时期植被指数间相关关系见图 6-6。

表 6-6　不同日期各植被指数与产量的相关性

植被指数	3 月 15 日	3 月 20 日	4 月 3 日	4 月 14 日	4 月 23 日	4 月 30 日	5 月 10 日	5 月 28 日
CIRE	0.15	0.12	−0.11	−0.09	0.28	0.54	0.67	−0.62
DVI	0	0.04	0.22	0.31	0.46	0.51	0.63	−0.60
EVI	0	0.03	0.20	0.26	0.48	0.52	0.64	−0.61
GNDVI	0.08	0.10	−0.10	−0.05	0.42	0.53	0.64	−0.62
MCARI	−0.13	−0.11	0.20	0.26	0.47	0.28	0.57	−0.58
MCARI（MTVI2）	−0.17	−0.14	0.19	0.23	0.42	−0.04	0.14	−0.22
MNVI	0	0.04	0.22	0.31	0.49	0.53	0.64	−0.60
MSR	0.04	−0.03	−0.03	0.06	0.59	0.60	0.67	−0.62
MTCI	0.18	0.16	−0.12	−0.10	0.09	0.48	0.05	−0.61
MTVI2	0	0	0.21	0.29	0.60	0.57	0.65	−0.61
NDVI	−0.02	−0.04	−0.02	0.07	0.60	0.56	0.63	−0.61
NDVIRE	0.12	0.11	−0.11	−0.09	0.27	0.52	0.67	−0.63
NLI	−0.01	0	0.09	0.21	0.61	0.56	0.64	−0.61
OSAVI	0	0.02	0.23	0.31	0.58	0.56	0.64	−0.61

续表 6-6

植被指数	3 月 15 日	3 月 20 日	4 月 3 日	4 月 14 日	4 月 23 日	4 月 30 日	5 月 10 日	5 月 28 日
PPR	−0.16	−0.11	0.29	0.43	0.55	0.34	0.38	−0.44
PPR(NDVI)	−0.15	−0.10	0.29	0.42	0.50	0.13	−0.46	0.61
RDVI	0	0.03	0.23	0.32	0.52	0.54	0.64	−0.60
RVI1	0.05	−0.03	−0.03	0.07	0.59	0.61	0.67	−0.62
RVI2	0.13	0.13	−0.10	−0.03	0.42	0.55	0.66	−0.62
SAVI	0	0.04	0.23	0.31	0.52	0.54	0.63	−0.60
SIPI	0.07	0.10	0.10	0.25	−0.49	−0.46	−0.58	0.58
SIPI(RVI1)	0.05	0.06	0.02	−0.07	−0.61	−0.55	−0.59	0.58
TCARI	0.04	0.08	−0.09	−0.29	−0.63	−0.56	−0.66	0.58
TCARI(OSAVI)	0.05	0.08	−0.09	−0.29	−0.63	−0.57	−0.67	0.62
TVI	−0.01	0.03	0.21	0.30	0.45	0.51	0.63	0.61

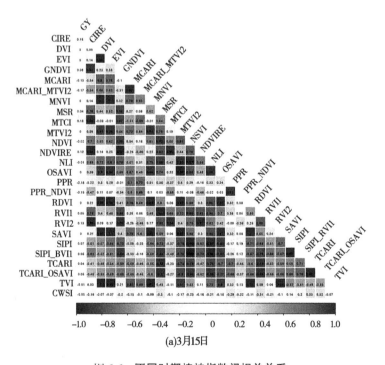

(a)3月15日

图 6-6 　不同时期植被指数间相关关系

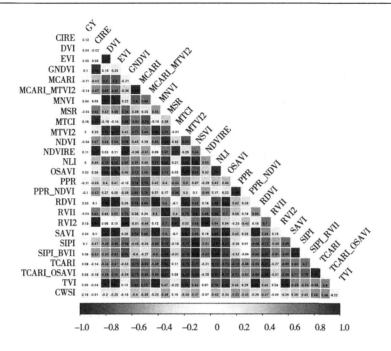

(b)3月20日

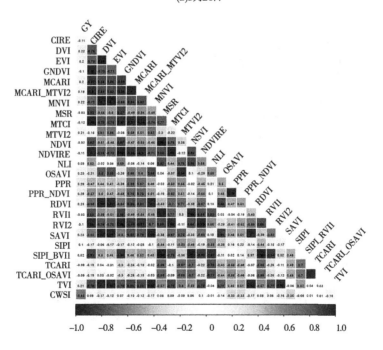

(c)4月3日

续图 6-6

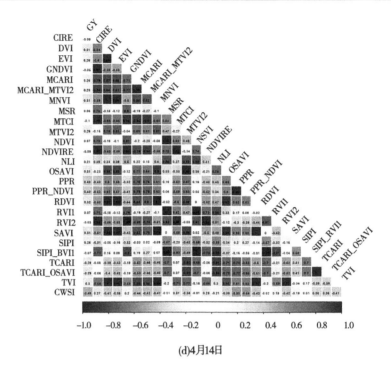

(d)4月14日

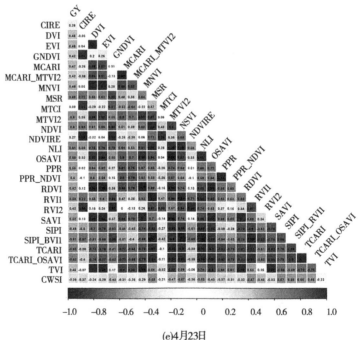

(e)4月23日

续图 6-6

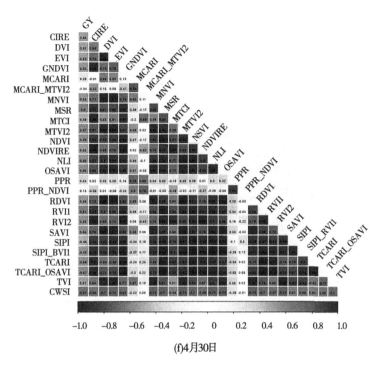

(f)4月30日

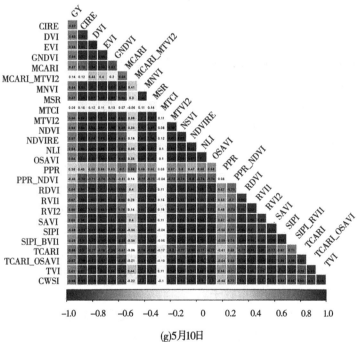

(g)5月10日

续图 6-6

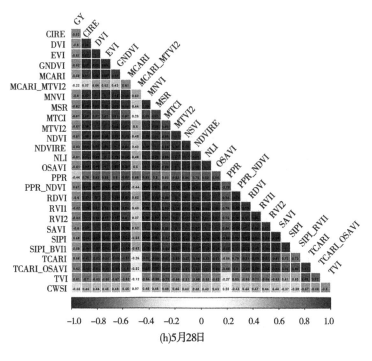

(h)5月28日

续图 6-6

6.2.4　产量估算

6.2.4.1　植被指数、作物水分胁迫指数和产量的相关性分析

本书选用 20 种植被指数与产量进行相关性分析,结果如图 6-7 所示。多数植被指数在各时期与产量均呈现出较强相关性。抽穗期各植被指数与产量的相关系数绝对值在 0.28~0.63 内,其中 TCARI 和 TCARI/OSAVI 的相关性系数绝对值最大,均为 0.63,CIRE 最小,为 0.28;相较于抽穗期,开花期的植被指数相关性系数绝对值大多数有所提高,其中 RVI1 的相关性绝对值最大,为 0.61, MCARI 的相关性绝对值最小,为 0.28;灌浆期的相关性绝对值在 0.57~0.67 内,CIRE、MSR、NDVIRE、RVI1、TCARI/OSAVI 的相关性系数绝对值均为最大值 0.67,MCARI 的相关性系数绝对值最小,为 0.57。整体上从抽穗期到灌浆期各植被指数的相关性系数绝对值呈现出逐渐升高的趋势,在灌浆期各植被指数与产量的相关性系数均为最大值。CWSI 在从抽穗期到灌浆期与产量均为极显著相关,且相关性绝对值一直增大,在灌浆期达到最大值,为 0.69。

6.2.4.2　RFE 法筛选最佳植被指数子集

本书所选用的植被指数与产量之间存在较高相关性。然而,这些植被指数之间也可能存在多重共线性,影响回归的性能。筛选植被指数的目的是从输入成分中找到最优子集,从而提高模型的预测性能,减少不相关因素的影响,缩短运行时间。因此,采用递归特征消除算法对各时期的植被指数进行选择,该算法使用 R 语言来实现。

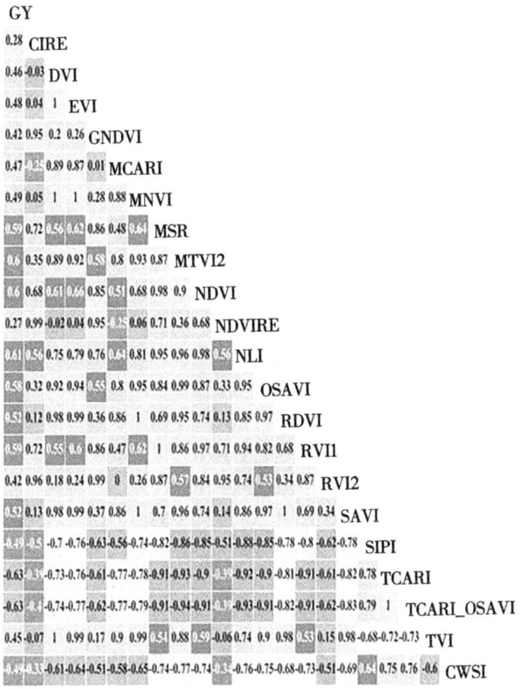

GY
0.28 CIRE
0.46 -0.03 DVI
0.48 0.04 1 EVI
0.42 0.95 0.2 0.26 GNDVI
0.47 -0.25 0.89 0.87 0.01 MCARI
0.49 0.05 1 1 0.28 0.88 MNVI
0.59 0.72 -0.56 0.62 0.86 0.48 0.61 MSR
0.6 0.35 0.89 0.92 0.58 0.8 0.93 0.87 MTVI2
0.6 0.68 0.61 0.65 0.85 0.51 0.68 0.98 0.9 NDVI
0.27 0.99 -0.02 0.04 0.95 -0.06 0.71 0.36 0.68 NDVIRE
0.61 0.56 0.75 0.79 0.76 0.6 0.95 0.96 0.98 0.56 NLI
0.58 0.32 0.92 0.94 0.55 0.8 0.95 0.84 0.99 0.33 0.95 OSAVI
0.52 0.12 0.98 0.99 0.36 0.86 1 0.69 0.95 0.13 0.85 0.97 RDVI
0.59 0.72 -0.55 0.6 0.86 0.47 0.62 1 0.86 0.71 0.94 0.82 0.68 RVI1
0.42 0.96 0.18 0.24 0.99 0 0.26 0.87 0.57 0.84 0.95 0.74 0.53 0.34 0.87 RVI2
0.52 0.13 0.98 0.99 0.37 0.86 1 0.7 0.96 0.14 0.86 0.97 1 0.69 0.34 SAVI
-0.49 -0.45 -0.7 -0.76 -0.63 -0.56 -0.74 -0.82 -0.86 -0.85 -0.51 -0.88 -0.85 -0.78 -0.8 -0.62 -0.78 SIPI
-0.63 -0.73 -0.76 -0.61 -0.77 -0.78 -0.91 -0.93 -0.9 -0.92 -0.91 -0.81 -0.91 -0.61 -0.82 0.78 TCARI
-0.63 -0.74 -0.77 -0.62 -0.77 -0.79 -0.91 -0.94 -0.91 -0.92 -0.91 -0.82 -0.91 -0.62 -0.83 0.79 TCARI_OSAVI
0.45 -0.07 1 0.99 0.17 0.9 0.99 0.54 0.9 0.59 -0.06 0.74 0.9 0.98 0.15 0.98 -0.68 -0.72 -0.73 TVI
-0.49 -0.35 -0.61 -0.64 -0.51 -0.58 -0.65 -0.74 -0.77 -0.74 -0.76 -0.75 -0.68 -0.73 -0.51 -0.69 0.54 0.75 0.76 -0.6 CWSI

(a)抽穗期

GY
0.54 CIRE
0.51 0.65 DVI
0.52 0.72 0.99 EVI
0.53 0.97 0.72 0.78 GNDVI
0.28 -0.01 0.65 0.59 0.13 MCARI
0.53 0.71 1 1 0.78 0.62 MNVI
0.6 0.92 0.81 0.86 0.95 0.36 0.86 MSR
0.57 0.81 0.96 0.98 0.87 0.54 0.98 0.94 MTVI2
0.56 0.91 0.83 0.88 0.96 0.37 0.88 0.98 0.95 NDVI
0.52 0.99 0.68 0.76 0.98 0.02 0.74 0.92 0.83 0.93 NDVIRE
0.56 0.87 0.9 0.94 0.93 0.44 0.94 0.97 0.98 0.99 0.9 NLI
0.54 0.83 0.95 0.97 0.89 0.51 0.97 0.95 1 0.97 0.86 0.99 OSAVI
0.54 0.75 0.99 1 0.82 0.59 0.89 0.99 0.91 0.78 0.96 0.99 RDVI
0.61 0.92 0.8 0.84 0.94 0.36 0.85 1 0.93 0.91 0.95 0.93 0.88 RVI1
0.55 0.98 0.68 0.74 0.99 0.09 0.74 0.95 0.84 0.93 0.97 0.9 0.86 0.78 0.95 RVI2
0.54 0.75 0.99 1 0.82 0.53 0.89 0.99 0.91 0.78 0.96 0.99 1 0.88 0.78 SAVI
-0.46 -0.84 -0.82 -0.88 -0.89 -0.3 -0.86 -0.89 -0.91 -0.89 -0.88 -0.95 -0.93 -0.88 -0.83 -0.33 SIPI
-0.56 -0.9 -0.63 -0.69 -0.93 -0.2 -0.69 -0.95 -0.82 -0.92 -0.87 -0.82 -0.96 -0.95 -0.74 TCARI
-0.57 -0.92 -0.72 -0.78 -0.96 -0.78 -0.98 -0.88 -0.97 -0.93 -0.89 -0.97 -0.96 -0.82 0.99 TCARI_OSAVI
0.51 0.64 1 0.99 0.71 0.67 0.9 0.81 0.96 0.82 0.67 0.9 0.94 0.88 0.79 0.98 -0.62 -0.71 TVI
-0.67 -0.65 -0.7 -0.71 -0.67 -0.3 -0.72 -0.7 -0.73 -0.7 -0.66 -0.72 -0.73 -0.7 -0.67 -0.72 0.62 0.61 0.66 -0.7 CWSI

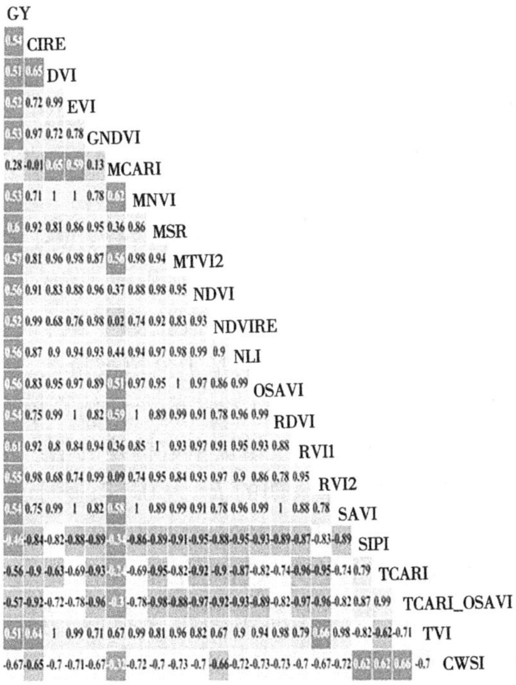

(b)开花期

图 6-7　相关性矩阵图

GY
0.67 CIRE
0.63 0.92 DVI
0.64 0.94 1 EVI
0.64 0.97 0.94 0.95 GNDVI
0.57 0.78 0.94 0.93 0.82 MCARI
0.64 0.94 1 1 0.95 0.94 MNVI
0.67 0.98 0.97 0.98 0.97 0.88 0.98 MSR
0.65 0.95 0.99 1 0.96 0.91 1 0.99 MTVI2
0.63 0.93 0.95 0.98 0.98 0.97 0.97 0.98 NDVI
0.67 0.99 0.94 0.96 0.99 0.81 0.95 0.98 0.97 0.97 NDVIRE
0.64 0.94 0.97 0.99 0.97 0.91 0.98 0.97 0.99 1 0.97 NLI
0.64 0.94 0.98 0.99 0.92 0.99 0.98 0.99 0.99 0.97 OSAVI
0.64 0.94 0.99 1 0.96 0.93 1 0.98 1 0.98 0.96 0.99 RDVI
0.67 0.98 0.95 0.96 0.95 0.86 0.96 0.99 0.97 0.93 0.96 0.95 0.96 RVI1
0.65 0.99 0.92 0.93 0.97 0.78 0.93 0.98 0.94 0.93 0.98 0.93 0.93 0.98 RVI2
0.63 0.94 0.99 1 0.96 0.93 1 0.98 1 0.98 0.96 0.99 1 0.96 0.93 SAVI
-0.58 -0.83 -0.91 -0.94 -0.94 -0.84 -0.93 -0.91 -0.94 -0.94 -0.93 -0.97 -0.96 -0.94 -0.87 -0.87 -0.94 SIPI
-0.66 -0.9 -0.77 -0.78 -0.84 -0.67 -0.78 -0.88 -0.8 -0.77 -0.86 -0.77 -0.77 -0.91 -0.91 -0.77 0.67 TCARI
-0.67 -0.96 -0.91 -0.92 -0.86 -0.82 -0.91 -0.97 -0.94 -0.93 -0.96 -0.93 -0.93 -0.93 -0.96 -0.92 0.86 0.93 TCARI_OSAVI
0.63 0.92 1 1 0.97 0.94 1 0.97 0.99 0.97 0.96 0.99 1 0.95 0.92 1 -0.92 -0.76 -0.91 TVI
-0.69 -0.92 -0.89 -0.91 -0.89 -0.8 -0.9 -0.92 -0.91 -0.89 -0.92 -0.9 -0.9 -0.9 -0.92 -0.9 0.84 0.82 0.9 -0.89 CWSI

(c)灌浆期

续图 6-7

植被指数经过特征递归消除筛选之后得到的各特征排名如图 6-8 所示。由图 6-8 可知抽穗期排名数是 OSAVI 和 SAVI;开花期植被指数 DVI、MNVI、NDVI、OSAVI、RDVI 和 SAVI 表现最佳;灌浆期的最佳植被指数子集包含 8 个特征,分别为 DVI、GNDVI、MNVI、NDVI、NLI、OSAVI、RDVI 和 SAVI。

6.2.4.3　基于最佳植被指数子集、最佳植被指数子集结合 CWSI 构建估产模型

为了评估 SVM 对最佳植被指数子集与最佳植被指数子集结合 CWSI 估算产量的能力,利用图 6-8 中 RFE 法筛选后得到的最佳植被指数子集、最佳植被指数子集结合 CWSI,通过 SVM 方法构建冬小麦不同生育期的基于全植被指数、全植被指数结合 CWSI、最佳植被指数子集与最佳植被指数子集结合 CWSI 的产量估算模型,估产精度如表 6-7~表 6-10 所示。由表 6-7~表 6-10 可得基于全植被指数构建的估产模型从抽穗期到开花期精度逐渐升高,在灌浆期达到最大值,灌浆期的 R^2 为 0.57;基于最佳植被指数子集构建的估产模型在灌浆期表现最佳($R^2 = 0.60$, RMSE $= 1\,014.00$ kg/hm^2, NRMSE $= 15.48\%$),三个生育期内从抽穗期到灌浆期 R^2 逐渐增大,RMSE 和 NRMSE 逐渐减小;基于全生育期植被指数结合 CWSI 构建的估产模型在灌浆期精度最高($R^2 = 0.58$, RMSE $= 1\,055$ kg/hm^2, NRMSE $= 15.86\%$);基于最佳植被指数子集结合 CWSI 构建的估产模型在三个生育期内的 R^2、RMSE 和 NRMSE 与基于最佳植被指数子集的变化情况一致,在灌浆期的估产精度最高($R^2 = 0.65$, RMSE $= 960$ kg/hm^2, NRMSE $= 14.61\%$)。

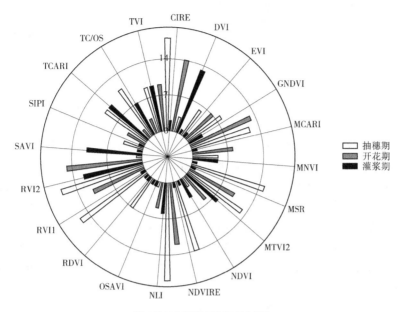

注:TC/OS 表示 TCARI/OSAVI。

图 6-8　RFE 法筛选后植被指数排名

表 6-7　基于全植被指数的产量估算精度

生育期	R^2	RMSE(kg/hm²)	NRMSE(%)
抽穗期	0.46	1 174.37	17.64
开花期	0.49	1 155.81	17.61
灌浆期	0.57	1 047.37	16.01

表 6-8　基于最佳植被指数子集的产量估算精度

生育期	R^2	RMSE(kg/hm²)	NRMSE(%)
抽穗期	0.48	1 154.6	17.62
开花期	0.50	1 111.86	16.97
灌浆期	0.60	1 014.00	15.48

表 6-9　基于全植被指数结合 CWSI 的产量估算精度

生育期	R^2	RMSE(kg/hm²)	NRMSE(%)
抽穗期	0.47	1 121	17.12
开花期	0.57	1 071	16.37
灌浆期	0.58	1 055	15.86

表 6-10　基于最佳植被指数子集结合 CWSI 的产量估算精度

生育期	R^2	RMSE(kg/hm^2)	NRMSE(%)
抽穗期	0.50	1 110	16.92
开花期	0.58	1 030	15.74
灌浆期	0.65	960	14.61

　　对比基于全植被指数和最佳植被指数子集构建的产量估测模型,发现基于最佳植被指数子集构建的估产模型从抽穗期到灌浆期估产精度均得到了提升,R^2 分别提升了 0.02、0.01、0.03,RMSE 和 NRMSE 均有所下降,在开花期降幅最大,降低了 45 kg/hm^2、0.63%。

　　对比基于全植被指数结合 CWSI、最佳植被指数子集和最佳植被指数子集结合 CWSI 的三个产量估测模型,发现三个生育期内基于最佳植被指数子集结合 CWSI 构建的产量估测模型精度均表现最佳。基于最佳植被指数子集结合 CWSI 比基于全植被指数结合 CWSI 和最佳植被指数子集构建的产量估测模型的 R^2 从抽穗期到灌浆期分别提高了 0.03、0.01 和 0.07、0.02、0.08 和 0.05。RMSE 和 NRMSE 则均有所降低,在灌浆期降幅最大,分别降低了 50 kg/hm^2、0.87%,95 kg/hm^2、1.25%。

　　本书为了验证基于全植被指数、基于最佳植被指数子集、基于全植被指数结合 CWSI 和基于最佳植被指数子集结合 CWSI 构建模型估算产量的精度,利用验证集数据进行验证分析,得到三个生育期的实测产量与预测产量的关系如图 6-9 所示。观察 4 个模型的实测产量和预测产量的关系,发现基于全植被指数构建的模型在灌浆期的 R^2 最高,为 0.53,在开花期的 RMSE 和 NRMSE 最低,分别为 1 180.82 kg/hm^2、18.18%;发现基于最佳植被指数子集的产量实测值与预测值的关系,从抽穗期到灌浆期,R^2 逐渐增大,在灌浆期达到最大值,为 0.54,RMSE 和 NRMSE 则呈现出逐渐减小的趋势,在灌浆期达到最小值,分别为 1 090 kg/hm^2、16.65%;基于全植被指数结合 CWSI 的估产模型精度随生育期的进行呈现逐渐升高的趋势,在灌浆期模型精度最佳($R^2 = 0.55$,RMSE = 1 084.96 kg/hm^2,NRMSE = 17.44%);基于植被指数结合 CWSI 的冬小麦产量实测值与预测值的关系,与基于植被指数的产量实测值与预测值关系变化趋势一致,在灌浆期的精度最佳($R^2 = 0.56$,RMSE = 1 020 kg/hm^2,NRMSE = 15.61%)。4 个模型的验证 R^2 的变化趋势与估产模型的 R^2 变化趋势一致,说明了模型的验证效果较好。

　　对比 4 个模型的实测产量与预测产量的关系,发现经过 RFE 法筛选后,随着生育期的发展基于最佳植被指数子集估产模型精度均比基于全植被指数估产模型精度高,R^2 分别提升了 0.04、0.01、0.01,RMSE 和 NRMSE 分别降低了 2.90 kg/hm^2、136.39 kg/hm^2、19.18 kg/hm^2、1.03%、2.02%、0.16%。在植被指数的基础上加入 CWSI,发现基于全植被指数结合 CWSI 估产模型比基于全植被指数估产 R^2 得到了提高,R^2 分别提高了 0.05、0.03、0.02,基于最佳植被指数子集结合 CWSI 估产模型相对于基于最佳植被指数子集估产模型,R^2 分别提升了 0.03、0.07、0.02,RMSE 和 NRMSE 分别降低了 100 kg/hm^2、110 kg/hm^2、70 kg/hm^2、1.58%、1.73%、1.04%。对比基于最佳植被指数子集结合 CWSI 和基于全植被指数子集结合 CWSI 构建的估产模型,发现基于最佳植被指数子集结合 CWSI 的估产精度更高,三个生育期内 R^2 分别提高了 0.01、0.05、0.01,RMSE 和 NRMSE 分别降低了 172. 81 kg/hm²、99. 22 kg/hm²、64. 96 kg/hm²、2. 69%、1. 55%、1. 83%。

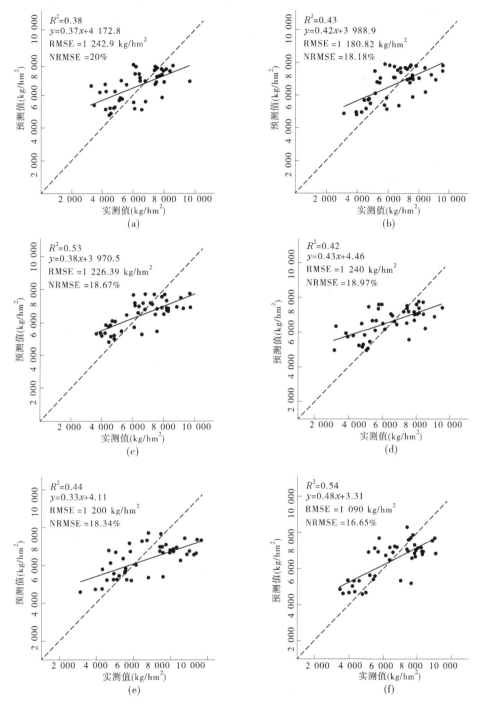

图 6-9　基于冬小麦全植被指数、最佳植被指数子集、全植被指数结合 CWSI 和

最佳植被指数子集结合 CWSI 在不同生育期产量实测值和预测值关系

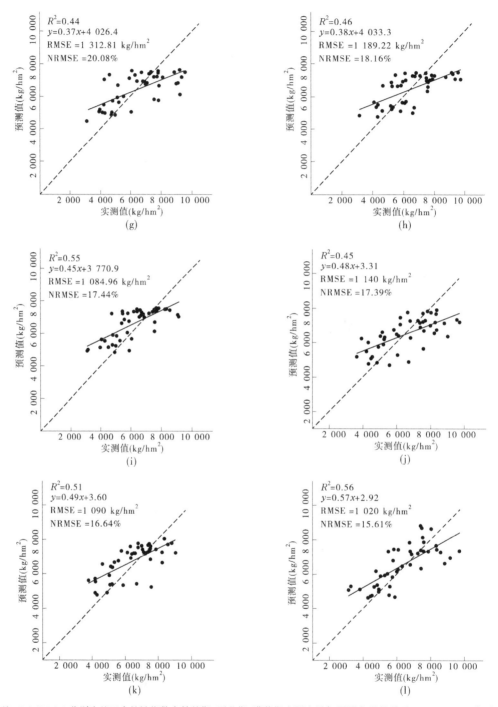

注:(a)(b)(c)分别为基于全植被指数在抽穗期、开花期、灌浆期实测产量与预测产量的关系,(d)(e)(f)分别为基于最佳植被指数子集在抽穗期、开花期、灌浆期的实测产量与预测产量的关系,(g)(h)(i)分别为基于全植被指数结合 CWSI 在抽穗期、开花期、灌浆期的实测产量与预测产量的关系,(j)(k)(l)分别为基于最佳植被指数子集结合 CWSI 在抽穗期、开花期、灌浆期的实测产量与预测产量的关系。

续图 6-9

6.2.4.4　产量分布

对比基于全植被指数、最佳植被指数子集、全植被指数结合 CWSI 以及最佳植被指数子集结合 CWSI 构建的 4 个产量估测模型,其中在灌浆期,基于最佳植被指数子集结合 CWSI 构建的估产模型精度最佳,利用此生育期的预测产量,生成基于最佳植被指数子集结合 CWSI 的冬小麦灌浆期产量预测分布图(见图 6-10)。由图 6-10 可知,水处理 1 区域、水处理 2 区域和水处理 3 区域的产量分布差异明显,水处理 1 区域的产量最高,均高于水处理 2 区域和水处理 3 区域,这与本试验所做的水分处理有关,整体上灌浆期的产量分布在 5 500~7 500 kg/hm² 内。根据实测产量结果,水处理 1 区域的产量高于水处理 2 区域和水处理 3 区域,并且实测产量主要分布在 5 500~7 500 kg/hm² 内,结果和产量估测模型预测的产量分布一致,说明估产模型的可行性。

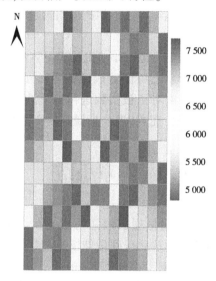

图 6-10　预测产量分布图　(单位:kg/hm²)

6.3　讨　论

利用无人机遥感技术对冬小麦进行产量估算是一种快速、高效、精确的方法。通过无人机遥感技术获取冬小麦的图像数据,从中提取数据获得植被指数构建产量估测模型。不同植被指数的组合所构建出的产量估测模型的估产精度不同,本书采用 RFE 法基于回归模型对所选植被指数进行特征筛选,得到每个时期的最佳植被指数子集,进而获得每个时期估产模型的最佳精度。该方法采用交叉验证的方法从所选植被指数中选择出最有效的植被指数来降低数据集的维度,提高算法性能。筛选后的最佳植被指数子集去除了无关的噪声特征,显著提高了基于原始植被指数集构建估产模型的精度。与 Sulyman 所做研究结论相同,均证明了 RFE 法的有效性。

对比不同生育期所选取的植被指数与产量均有较强的相关性,但是整体变化无规律;对比 CWSI 三个时期的相关性发现随着冬小麦生育阶段的发展,CWSI 与产量之间的相关性在逐渐增加。产生这种结果的原因可能是 CWSI 对产量的敏感性较高,植被指数与产量的敏感性不同。对比植被指数和 CWSI 构建单参数产量估测模型,发现三个时期的 CWSI 单参数模型精度均为最佳,植被指数表现次之,说明了 CWSI 有很强的冬小麦产量预测能力,这与 Vamvakoulas 结论一致。因此,需要对植被指数进行特征选择,选取各个时期最佳植被指数子集来构建产量估测模型,提升模型精度。

　　CWSI 是通过无人机遥感热红外数据获得的,是重要的冬小麦水分亏缺评价指标。它决定了冬小麦的水分盈亏,准确高效地诊断土壤含水量,然而将 CWSI 和植被指数结合进行产量估测的研究较少。本书基于最佳植被指数子集和最佳植被指数子集结合 CWSI 构建 SVM 估产模型均优于单参数估产模型的精度,并且最佳植被指数子集结合 CWSI 构建的估产模型精度优于基于植被指数构建的估产模型,表明 CWSI 可以作为构建估产模型的有效指标,多个参数结合 SVM 能够有效地估产作物参数,这与 Virnodkar 等研究结论相同。

　　本书基于植被指数和植被指数结合 CWSI 的机器学习算法模型构建直接体现在算法中,不能直接产生数学公式和运算规则,可能造成模型解释性偏弱。此外,特征选择的方法还有很多种,本书只使用了 RFE 法对植被指数进行特征选择,下一步研究将多方面考虑不同的特征选择方法来对研究进行完善,进一步提升估产模型的精度。

6.4　本章小结

　　不同生育期多数植被指数与产量呈现出较强的相关性,CWSI 与产量呈现出较强的相关性;这些植被指数经过 RFE 法筛选后得到最佳植被指数子集,采用 SVM 机器学习算法分别构建基于全植被指数、最佳植被指数子集、全植被指数结合 CWSI 和最佳植被指数子集结合 CWSI 的 4 种估产模型,基于最佳植被指数子集比基于全植被指数估产模型的 R^2 在 3 个生育期内分别提升了 0.04、0.01、0.01,基于全植被指数结合 CWSI 比基于全植被指数估产模型的 R^2 在 3 个生育期内分别提升了 0.05、0.03、0.02,基于最佳植被指数子集结合 CWSI 比基于全植被指数结合 CWSI 的 R^2 在 3 个生育期内分别提升了 0.01、0.05、0.01;基于最佳植被指数子集结合 CWSI 的估产精度最佳。

第 7 章　基于无人机光谱数据的
灌溉处方图反演方法

　　作物灌溉处方图是实现变量灌溉、精准灌溉、智慧灌溉的必要条件,当前灌溉朝着精准灌溉、智慧灌溉的方向发展,而在灌溉技术方面往往很难去获得田间作物精准灌溉处方图。随着近期变量灌溉、精准灌溉技术的发展,灌溉处方图逐步凸显其灌溉决策的重要性。当前美国农业部农业研究组织隋瑞秀研究员(Sui et al., 2018; Sui et al., 2020; Sui et al., 2017)开展的变量灌溉的研究,利用土壤电导率反演灌溉处方图,指导大型喷灌机开展变量灌溉。此外,美国 Chavez 团队(Chavez et al., 2020)通过无人机携带光谱相机的方式开展农田水分管理,利用热红外获取冠层温度信息,反演冠层 CWSI 及冠层蒸散发分布图,进一步反演水分亏缺指导田间水分管理。此外,在喷灌机安装热红外系统获取田间冠层热红外数据,进而获取利用 CWSI 获取水分亏缺进行变量精准灌溉(O'Shaughnessy et al., 2015; Osroosh et al., 2018)。目前,反演灌溉处方图的方法主要是通过获取土壤电导率空间分布图和获取冠层热红外影像数据的方式进行的。本章采用无人机携带光谱感知系统,获取田间热红外、多光谱、可见光影像,通过植被提取,计算冠层 CWSI,结合田间 ET 空间分布开展灌溉处方图反演,为精准灌溉提供数据信息支撑。

7.1　材料与方法

7.1.1　无人机遥感影像作物信息提取方法

　　无人机遥感获得的光谱影像经处理拼接后得到大田整体的光谱影像,因大田尺度存在田间路等不同的地面地物,第一步要提取出需要灌溉的作物。由于无人机遥感影像获取的田间影像分辨率比较高,基本都是厘米级上下,完全可以识别出田间地物信息。为此,针对无人机遥感影像的作物信息提取方法目前常用的有监督分类、非监督分类、决策树分类等。其中,监督分类和非监督分类是根据是否需要事先确定训练样本对计算机分类器进行训练和监督分类;决策树分类是根据自定义的分类规则从原始影像中分离并掩膜每一种目标作为一个类型。本章中主要采用决策树分类方法,即基于专家知识,通过遥感影像数据及其他辅助空间数据,由人工经验总结利用相应的数学方法归纳分类,获得相应的地物分类。

　　RGB 影像提取作物方法,第一种方法采用公式 $ExG = 2G - B - R$ 确定作物指数阈值。确定作物后在 ENVI 中采用掩膜的方式提取作物冠层热红外影像。第二种方法采用多光谱 NDVI 二值分离法剔除非作物冠层影像。两种指数掩膜提取的效果如图 7-1 所示,仅从无人机 30 m 飞行高度拍摄的 RGB 影像数据提取结果对比来看,ExG 指数掩膜提取的冠层数据信息优于 NDVI 掩膜,本章采用 ExG 指数掩膜提取的冠层数据信息。

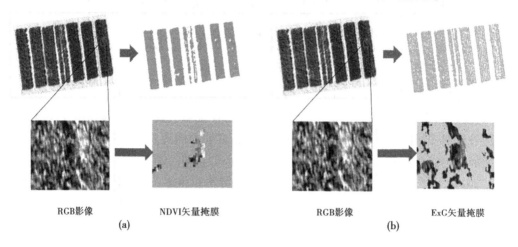

RGB影像　　　　NDVI矢量掩膜　　　　RGB影像　　　　ExG矢量掩膜

(a)　　　　　　　　　　　　　　(b)

图 7-1　作物冠层影像数据提取方法

7.1.2　基于 QWaterModel 的蒸散发的估算

田间蒸散发(ET)是指土壤蒸发和植株散发。目前,在农田灌溉方面估算 ET 常用的方法有涡度相关或大尺度的能量平衡等方法。而对大部分能量平衡方法大都需要陆地表面温度(LST)作为一个重要的输入参数,而无人机携带的热红外传感器可以高效地获取大田表面温度,可以作为计算田间蒸散发的一个精准高效的参数。为此,本章采用根据能量平衡原理开发的 QWaterModel 估算田间蒸散发。

QWaterModel 模型原理:利用温度推导大气湍流运输的能量平衡方法 (deriving atmosphere turbulent useful to dummies using temperature,DATTUTDUT),模型算法只需要输入表面温度数据,不需要其他的辅助数据,模型的原理及其详细的过程可以参考文献(Timmermans et al.，2015),文献中对模型原理步骤及其推算公式等介绍得比较详细全面。

QWaterModel 基于 QGIS3 平台开发。QGIS 是免费开源的平台,非常适合空间数据输入运算。模型界面见图 7-2(Ellsäßer et al.，2020),界面分四个部分,图 7-2 中 A 区域定义数据输入、输出、时间栏;数据要求输入矢量文件,图像格式 TIFF,输入时间为世界标准时间。B 区域定义模型参数,需要输入最低、最高温度及其百分位,短波辐射率,净辐射,地面热通量,大气透射率,大气辐射率,表面辐射率。区域 C 人工定义当地参数:经度、纬度、海拔。区域 D 定义蒸散发参数:时间尺度、空气温度。

本章采用的温度数据为 FLIR Tau 2 640×512(FLIR Systems USA)和大疆 XT2 热红外相机(19 mm 焦距)安装在大疆 M600 和 M210 无人机上,具体的飞行日期和飞行高度等参数见本书第 3 章、第 4 章。

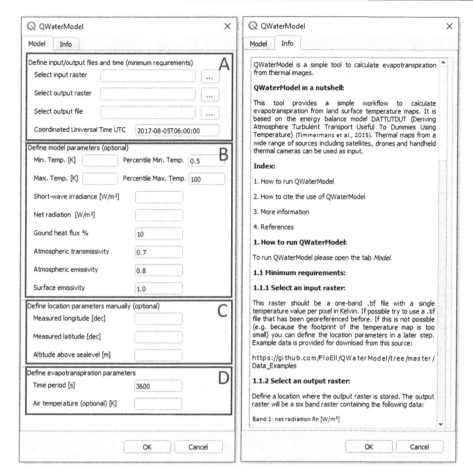

图 7-2 QWaterModel 界面

7.1.3 灌溉处方图反演方法

土壤数据采用新乡市七里营地区取样分析数据,土壤平均颗粒组成见表 7-1,采用美国农业部(USDA)分类分析土壤为砂壤土,取灌前灌后土样采用烘干法测土壤水分含量,并利用双环刀法(叶守泽,1994)确定田间持水量 28%,考虑凋萎系数以及作物根系对水分吸收的难易程度,土壤中 1 m 深作物根系有效可利用水分为 120 mm。

本章灌溉处方图的反演主要是通过历史气象灌溉资料、实时热红外、多光谱高分辨率遥感影像数据、地面传感器的墒情信息数据,结合不同的灌溉技术反演的灌溉处方图。反演过程目标限制:灌溉水量最少,满足作物正常生理生长需求,灌溉上限达到土壤田间持水量,灌溉周期根据第 3 章中历史气象资料估算灌溉次数或根据作物冠层蒸散发与土壤中有效可利用水分含量的关系确定。其中,热红外和多光谱影像中数据提取作物水分亏缺指数及作物 ET,多光谱影像中考虑株高、叶面积等对喷灌等冠层截留的影响。

表 7-1　取样 1 m 深土壤平均颗粒组成

深度(cm)	类别	名称	黏粒(<0.002 mm)	粉粒(0.002~0.02 mm)	砂粒(0.02~2 mm)
0~20		粉(砂)质壤土	4.670	52.275	43.055
20~40		砂质壤土	4.010	38.820	57.170
40~60	砂壤土	砂质壤土	3.880	35.605	60.515
60~80		壤土	5.525	41.510	52.965
80~100		砂质壤土	3.650	37.120	59.230

为此,灌溉量公式为

$$I_T = f(CWSI_r, ET, SWC, \theta_c) \tag{7-1}$$

式中:I_T 为一次灌水定额;$CWSI_r$ 为冠层相对水分亏缺指数(因田间湿润冠层温度及干旱湿润温度无法明确地定量,故默认为一片大田中,作物有水分亏缺和水分充足的地方,而冠层最高温和最低温默认是水分亏缺和水分湿润的点,此方法限于大田,尺度不能太小);ET 为利用 QWaterModel 获取的作物冠层 ET;SWC 为土壤根系吸水层有效可利用土壤水分含量;θ_c 为田间持水量。

鉴于式(7-1),第一步需要先判断灌溉周期,判断灌溉周期的原理基于周期内的蒸散发总量与土壤中有效可利用水分之间的关系,确定最优灌溉周期。为此,判断灌溉周期的公式为

$$\int_1^T ET_{max} dt = \alpha \cdot SWC \tag{7-2}$$

式中:α 为作物根系有效吸水深度系数,根据式(7-2)先确定灌溉周期 T,确定灌溉周期 T 后,开展第二步判断田间需灌水定额:

当 $\alpha \cdot (1 - CWSI_r) \cdot SWC - \int_1^T ET dt > 0$,其中 α 为 0~1,此时,ET 应为区域内正常生理生长情境下的 ET,非每个空间分布点上冠层 ET,因为灌溉后冠层 ET 在空间分布上很多会达到正常生理生长状态,故此时的净灌溉量 I 为

$$I = 0 \tag{7-3}$$

当 $\alpha \cdot (1 - CWSI_r) \cdot SWC - \int_1^T ET dt \leq 0$ 时:

$$I = \alpha \cdot CWSI_r \cdot SWC \tag{7-4}$$

综上,I_T 公式如下:

$$I_T = I/\mu \tag{7-5}$$

式中:μ 为灌溉效率,灌溉效率要考虑灌溉方式、植株株高、叶面积等冠层截留等影响。

7.2　结　果

7.2.1　冠层温度及 CWSI 时空分布

图 7-3 显示不同时期采集的热红外影像转换成冠层温度的空间分布,从冠层的空间分布看,随着冬小麦生育期的发展及不同灌溉水平处理的影响,三个灌溉水平处理下在 4 月 3 日采集的数据影像中体现出了灌溉水平处理的差异。4 月 7~9 日进行了一次不同灌溉水平处理,4 月 14 日采集的热红外影像显示的三个灌溉水平处理下和 4 月 3 日的冠层温度空间分布在 IT_2 的灌溉水平处理上存在明显的不同,说明 4 月 7~9 日的灌溉对 IT_2 处理下的冬小麦生理生长产生了积极的影响,IT_3 灌溉量不足致使 IT_3 灌溉水平处理区域内干旱不断累积,此灌溉水平处理区域内的冠层温度明显高于另外两个灌溉水平处理区域内的冠层温度。后面日期灌溉直接导致了三个灌溉水平处理下冠层温度差异。

三个灌溉水平处理下不同时期的 CWSI 空间分布如图 7-4 所示,因为作物水分亏缺指数与冠层温度呈显著相关关系,故作物水分亏缺指数的时空分布趋势与冠层温度一致。三个灌溉水平处理下 CWSI 趋势见图 7-5,灌溉前后数据采集日期的 CWSI 对比发现,IT_1 灌溉水平处理下由于前面几个小区因喷灌机行走喷洒覆盖受限,IT_1 灌溉水平区域内一部分小区未灌溉,在温度和 CWSI 的空间分布图上可以明显地看出未灌溉的小区和其他小区有显著的差异,这一部分小区的 CWSI 值对整个 IT_1 处理下的均值产生了影响,反映在其标准差上偏大。IT_2 处理下,灌溉前后 CWSI 值对比差异明显,如 4 月 3 日与 4 月 15 日中间有一次灌溉过程,4 月 15 日采集的影像获取的 CWSI 的值比 4 月 3 日的值平均偏小。而从 IT_3 上看,几次灌溉过程在 CWSI 上体现得不是很显著,因为 IT_3 的灌溉水量没有缓解 IT_3 处理下小区的旱情,只是在一定程度上减缓了 CWSI 的持续升高。另外,IT_2、IT_3 处理下的 CWSI 值在 4 月 15 日至 5 月 10 日基本在持续升高,即使中间有两次灌溉过程,都未致使 CWSI 值下降,说明此时期内冬小麦生理生长旺盛,需水量比较大,两次灌溉都无法满足其正常的生理生长需求。

7.2.2　蒸散发时空分布

从各个时期的数据三个灌溉水平处理下 ET_h 的分布及趋势图 7-6、图 7-7 看,IT_1 灌溉水平处理 ET_h(采集时间段内 1 h 蒸散发量)在 3 月 7 日开始数据采集时段内值为 0.58 mm/h,直到 4 月 30 日达到 0.96 mm/h,中间 4 月 14 日的数据出现了异常,分析原因是当天采集数据的时间及当天的天气情况导致的,并不影响冬小麦全生育期内的 ET 趋势。IT_2 灌溉水平处理下,3 月 7 日 ET_h 为 0.59 mm/h、3 月 20 日 ET_h 为 0.84 mm/h,包括 IT_3

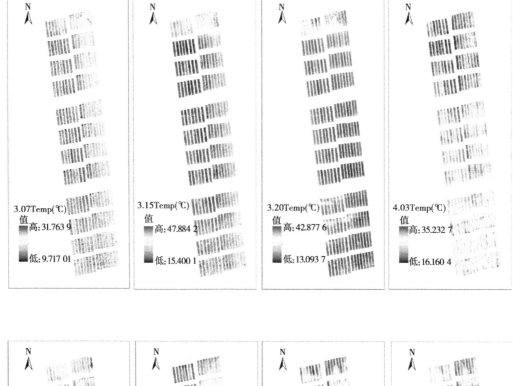

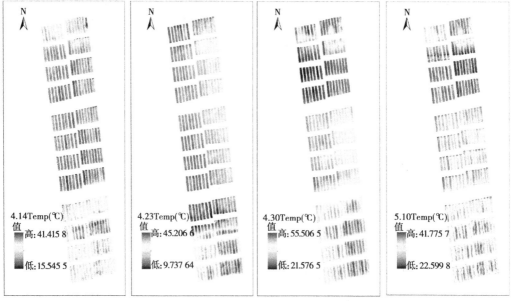

图 7-3　不同时期冠层温度空间分布

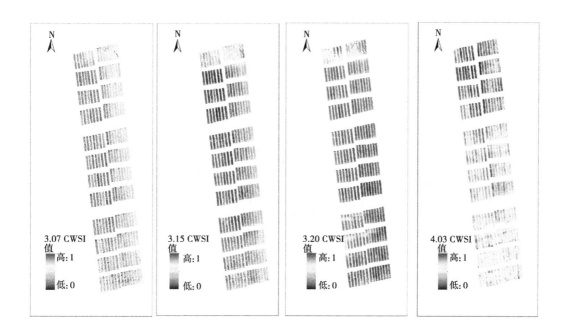

图 7-4　不同时期相对作物水分亏缺指数空间分布

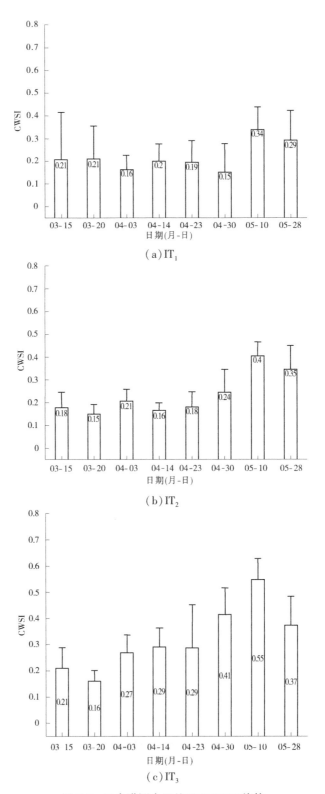

（a）IT₁

（b）IT₂

（c）IT₃

图 7-5　三个灌溉水平处理下 CWSI 趋势

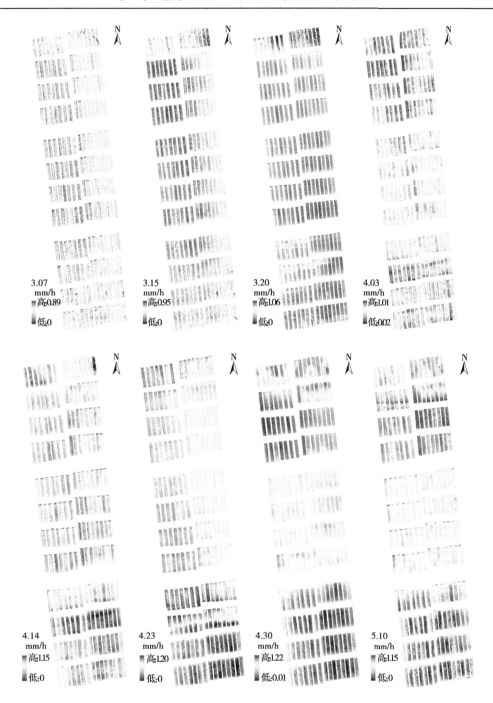

图 7-6　QwaterModel 计算采集数据时段内 ET_h 的空间分布

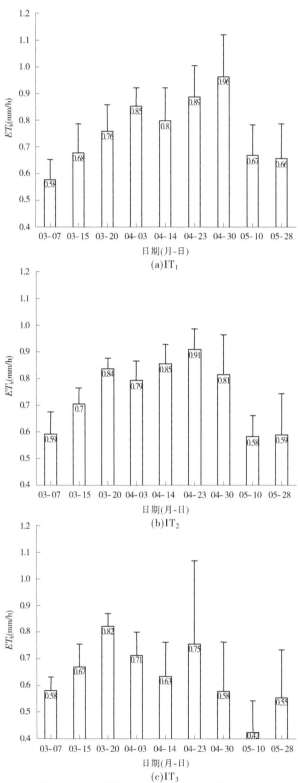

图 7-7　三个灌溉水平处理下不同时期的 ET_h

灌溉水平处理下 3 月 7 日 ET_h 为 0.58 mm/h、3 月 20 日 ET_h 为 0.82 mm/h,比 IT_1 灌溉水平处理下的 3 月 7 日 ET_h 的 0.58 mm/h、3 月 20 日 ET_h 的 0.76 mm/h 值大,结合图 7-5 ET_h 的时空分布分析看,3 月的灌溉 IT_1 如前述中提到最北边的几个小区由于喷灌机的平移式行走喷洒没有覆盖到,致使 IT_1 处理下北部几个小区出现了干旱胁迫,对此时段内的冬小麦 ET_h 产生了影响,亦致使 IT_1 处理下的 ET_h 均值偏小。另外,从 3 月 20 日前的数据看,此 3 月 20 日前三个灌溉水平处理下冬小麦生理生长基本一致,为后面的三个灌溉水平处理提供了可靠的前期数据基础。此外,由于大型平移式喷灌机变量喷洒运行参数的控制出现了行走上的误差,致使 4 月 23 日之前在 IT_3 的灌溉水平处理下北部几个小区灌溉量比设计的偏大很多,出现了 4 月 23 日 ET_h 的空间分布与灌溉水平处理不一致的情况。

图 7-8、图 7-9 分别为三个灌溉水平处理下不同时期的 ET_h、ET_{day},从图中可以看出 ET 在 IT_1 和 IT_2 两个灌溉水平处理下,ET 随着生育期的发展总体呈现逐渐增高,到了 5 月又开始下降的趋势。三个灌溉水平处理下,IT_1 灌溉水量大,总体每个时期的 ET 值较 IT_2、IT_3 大,这也体现了三个灌溉水平处理都未达到充分灌溉的条件下,灌溉量越大越接近充分灌溉,小麦的生理生长越好。IT_3 灌溉水平处理下 ET 在全生育期趋势与前两个灌溉水平处理下不同,在 4 月之前还呈现逐渐增高的趋势,到 4 月几次采集数据计算 ET 结果显示出现下降趋势,说明 4 月 IT_3 灌溉水平处理下冬小麦生理生长受到了限制,水分亏缺严重地制约了冬小麦的生理生长。从三个灌溉水平处理下的 ET 均值可以间接反映出三个处理下 60 个小区的灌溉均匀性差异,或者是三个灌溉水平处理下 60 个小区间生理生长特点均匀性差异,IT_2 处理区域下 60 个小区灌溉均匀性或冬小麦生理生长均匀性明显地好于其他两个灌溉水平处理。

7.2.3 灌溉处方图

7.2.3.1 试验处理下灌溉处方图

通过前文灌溉处方图反演方法,利用空间分布数据反演的灌溉处方图空间分布如图 7-10 所示,3 月 20 日之前的灌溉处方图显示三个灌溉水平处理下灌水定额都在 15 mm 以下,这一时期内灌溉需求不大,反映在作物水分亏缺指数上是这一时段内水分亏缺不严重,没有影响到冬小麦的正常生理生长。从各个时期的灌溉处方图分析发现,三个灌溉水平处理下,通过采集数据日期的数据分析看,由于设定的灌溉处方图反演上限是灌溉达到田间持水量,这就导致了田间土壤都未达到水分充足的条件,意味着本书中的三个灌溉水平处理都存在着一定的水分亏缺,只是不同的区域水分亏缺程度不同。

从各个时期内灌水定额空间分布图发现,随着冬小麦的生理生长进入旺盛期,小麦的蒸散发在不断增大,导致每个时期采集的冠层影像反演的灌溉处方图灌水定额在逐渐增大。4 月 3 日灌水定额空间分布最大在 42 mm,4 月 14 日最大 47 mm,4 月 23 日最大 58 mm,4 月 23 日最大 70 mm,不同时期灌水定额空间分布也体现了冬小麦的生理生长特征,需水量在不断地增多。

图 7-8　QWaterModel 计算 1 d 的 ET_h 空间分布

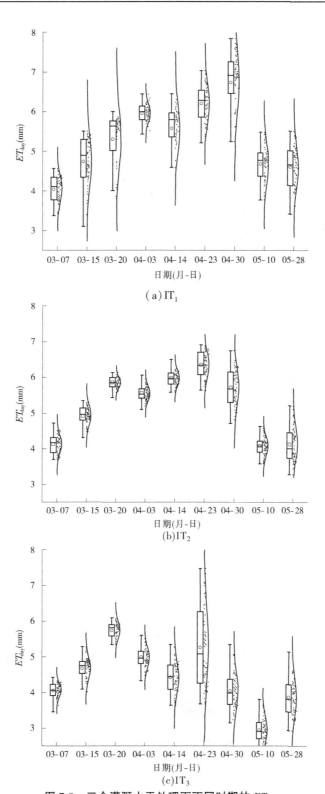

图 7-9　三个灌溉水平处理下不同时期的 ET_{day}

图 7-10　三个灌溉水平处理下不同时期的灌溉处方图

三个灌溉水平处理下不同时期的平均灌水定额趋势分布如图 7-11 所示,均值趋势分布体现三个灌溉水平处理下在 3 月 20 日之前所需的灌水定额,尚未体现出不同灌溉水平处理的差异,IT₁ 区域内由于前述的喷灌机覆盖没有灌溉水平均匀,体现了 IT₁ 处理下灌水定额波动比其他两个灌溉水平处理下强烈。体现三个灌溉水平处理下差异的是在 4 月 3 日采集影像中反演的灌溉处方图上,可以显著地体现出灌溉量的多少导致的不同处理区域内所需灌水定额的不同,所需灌水定额与实际灌溉水量成反比。4 月 7~9 日的一次不同灌溉处理过程,导致了 4 月 14 日的采集影像反演的灌溉处方图空间变异性与 4 月 3 日不同,IT₂ 灌溉水平处理下灌溉比较均匀,空间变异波动小。4 月 20 日左右的一次不同灌溉水平处理过程,致使 4 月 23 日采集影像反演的灌溉处方图空间变异出现了变化,较 4 月 14 日发生了很大的空间变异。4 月 30 的灌溉处方图与本试验处理吻合很好,文中反演的 8 个采集数据日期的灌溉处方图很好地体现了不同灌溉水平处理下所需灌溉情况,根据不同的灌溉方式,每个灌溉水平处理下以试验小区为灌溉单元反演的灌溉处方图见图 7-12。

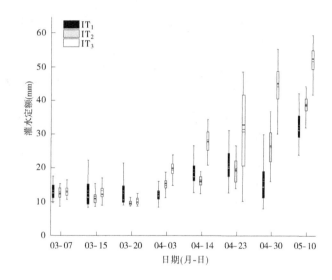

图 7-11　三个灌溉水平处理下不同时期的平均灌水定额趋势分布

7.2.3.2　大田灌溉处方图反演

图 7-13 为大田尺度下的利用冠层温度导入 QWaterModel 中获取的大田作物冠层蒸散发空间分布,大田反演过程比较复杂的冠层提取,尺度越大,下垫面情况越复杂,提取冠层信息难度就越大。本书提取冠层信息是利用 *ExG* 指数分类提取作物冠层信息,此大田中有田间小路、试验处理间隔、大型平移式喷灌机,以及裸露的土壤、供水管道、水泥路等,种植的作物主要是冬小麦、豌豆。

利用灌溉处方图反演的大田尺度灌溉处方图及像素栅格直方图见图 7-14,从像素栅格直方图中分辨灌溉处方图的像素值分布情况,根据实际情况需筛选掉少数极值,此后根据灌溉方式控制分区尺度,进一步转换尺度到灌溉控制尺度下的灌溉处方图,如图 7-12 中为以灌溉处理试验小区为灌溉单位的灌溉处方图。

图 7-12 试验小区灌溉单元灌溉处方图空间分布

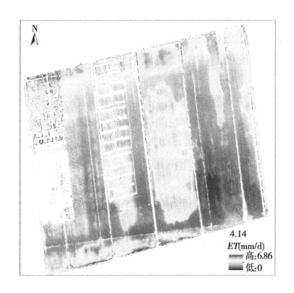

图 7-13　大田作物冠层 ET 空间分布

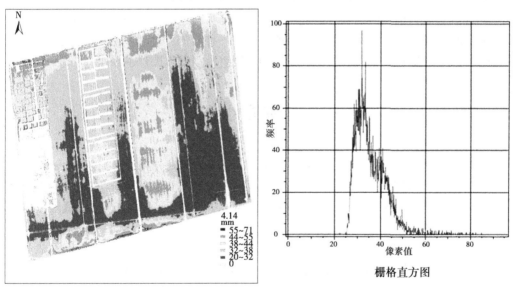

图 7-14　大田尺度灌溉处方图及像素栅格直方图

7.3　分析与讨论

　　本章中作物水分亏缺指数以及通过 QWaterModel 反演的蒸散发时空分布图,都是以冠层温度的时空分布数据为依据的,这导致了作物水分亏缺指数、蒸散发的时空分布与冠层温度时空分布空间变异趋势完全一致,这是本书中一个需要综合完善的地方。书中计算的作物水分亏缺指数,采用的干湿温度是以这一片田块中最高温、最低温为干湿参考温度,没有进一步明确干湿参考温度对作物水分亏缺指数的影响。因此,本书中在反演灌溉处方图时,使用本章的 CWSI 为 CWSI$_r$,变为相对作物水分亏缺指数,是对前文中计算的作物水分亏缺指数进行修正,展示本书反演灌溉处方图及判断灌溉周期等提供一种思路和方法。

书中冠层温度、CWSI、ET 时空分布图,很好地反映了三个灌溉水平处理下的灌溉量的不同对冬小麦的生理生长产生的影响,除去小部分试验小区因为大型平移式喷灌机的行走导致的喷洒未覆盖外,整体上反映了不同灌溉水平处理下的分布变化。此外,从书中灌溉后的冠层温度、CWSI、ET 时空分布图可以评价灌溉效果,如灌溉量、作物吸收利用水分的空间分布等情况。

作物灌溉处方图限于灌溉到田间持水量的上限这一理念,导致了书中灌溉处方图空间分布数据显示都需要灌溉,因为在理论及理想灌溉情境下,灌溉到田间持水量即停止灌溉,停止灌溉的这一刻是不需要灌溉的,后面在采集冠层影像时离停止灌溉这一时刻有一段时间作物冠层蒸散发消耗一部分土壤水分,这就导致了冠层覆盖下的土壤水分含量在采集影像的时刻都未达到田间持水量,故在灌溉处方图中展示的都需要灌溉。为此,在反演灌溉处方图的原理中提到,判断是否需要灌溉所依据的是某一点作物正常生理生长活动下的 ET 作为临界值,相对科学合理。本章中没有明确这种条件下的 ET 临界值,故出现了都需要灌溉的情况,本章中所用的数值仅代表一种趋势,可以为现实农业生产管理提供方法参考,下一步研究中需进一步细化明确及完善灌溉处方图反演模型。

7.4　本章小结

（1）输入作物冠层温度利用 QWaterModel 计算的 ET 空间分布,可以很好地体现作物冠层生理生长活动的空间变异特征,在没有充足的气象数据资料的情况下,通过无人机感知系统获取作物冠层温度影像数据,可以利用 QWaterModel 反演作物冠层的蒸散发空间分布。

（2）不同灌溉处理试验中,3 月 20 日之前所需的灌水定额尚未体现出不同灌溉处理的差异,4 月 3 日后灌溉处方图能体现出试验中灌溉处理的空间变异;冬小麦旺长期每次不同灌溉处理过程,会导致采集影像反演的灌溉处方图空间变异发生变化,本书试验中 IT$_2$ 灌溉水平处理下灌溉比较均匀,空间变异波动小。

（3）本书中采用的反演灌溉处方图的原理模型主要考虑了土壤中有效可利用水量,以土壤中作物有效根系吸水层内的田间持水量为灌溉上限,利用作物冠层 ET_{max} 判定灌溉周期,需要进一步考虑判定是否需要灌溉的临界作物冠层 ET,更合理地反演灌溉处方图。本书中反演方法可以给现代精准灌溉提供借鉴。

第 8 章　结论与展望

8.1　结　论

　　本书针对大型平移式喷灌机灌溉大田作物开展田间精准灌溉管理为主线,利用无人机作为搭载平台,携带热红外、多光谱、可见光等相机传感器,开展田间作物信息感知,结合历史气象数据,考虑墒情作物生育期生理生长特征,反演精准灌溉作物灌溉处方图,为精准灌溉、智慧灌溉提供数据和方法参考。得到的结论主要如下:

　　(1)针对本书研究的大型平移式喷灌机测量数据进行分析,结果显示速率与百分率关系为:$y = 1.58x - 3.1089$,$x \in [10, 100]$,$R^2 = 0.984$,运行速率为 $32.2 \sim 158.6$ m/h。根据灌溉的需求,可以适当地调整喷灌机的运行速率以满足灌水量的需求。不同的速率运行下,不同喷嘴喷洒水量具有相同的趋势,数据显示喷灌机运行速率的增大,灌溉水量呈 $y = a \cdot x^b$ 幂函数趋势下降,试验中采用 3 种喷嘴喷洒情况非常稳定。不同形式的喷头喷洒范围、水滴大小不同,根据不同的气候条件、灌溉作物自身的生理生长特征以及变量灌溉、精准灌溉的需求进行喷头选配。

　　(2)该书中热红外影像获取的冠层温度,可以有效地反演作物水分亏缺,通过计算得到的作物水分亏缺指数能够间接地反演土壤水分含量,可以展现土壤水分亏缺的空间分布特征,能够作为大田精准水分管理的决策依据。热红外和五波段多光谱数据反演土壤中肥料的空间分布比较复杂,特别是大田影响因素多,涉及范围广,仅通过冠层的影像数据,很难直接反演土壤中的肥料空间变化。

　　(3)本书中的不同灌溉水平处理提高了灌溉水的利用效率,在未实现充分灌溉的条件下,不同灌溉水平处理对冬小麦株高、LAI 产生了显著的影响,即本章中试验处理的不同灌溉水平对冬小麦的生理生长产生了显著的影响。基于无人机多光谱遥感冬小麦生理生长信息,无人机携带的 Rededge MX 多光谱相机在采集多光谱影像的同时,用其中的未布置 RTK 像控点校正的点云数据提取的株高完全可以满足日常管理与试验数据的需求,特别是针对同一生育期内的评估区域内冬小麦株高具有很好的可靠性。

　　(4)三个灌溉水平处理下各小区产量均值分别为 8.0 kg、6.7 kg、4.9 kg;千粒重分别为 41.5 g、39.8 g、35.5 g。三个灌溉水平处理下产量梯度差较千粒重差异梯度明显,说明三个灌溉水平处理下灌溉量越多不仅千粒重大,而且麦粒也多。分析热红外和多光谱数据建立的植被指数产量预测模型,发现三种灌溉水平处理下的植被指数表现出差异性,差异性显著的时期集中在 T_6、T_7、T_8 时期。植被指数预测模型中表现出极显著差异的是 EVI 预测模型,精度达到了较高水平,说明构建的产量预测模型效果较好。对比各个植被指数与产量相关性,T_1、T_2、T_3、T_4 时期各植被指数相关性不显著,T_5、T_6、T_7、T_8 时期相关性显著提高,但是 MCARI(MTVI2)指数在各个时期相关性均不显著,产量预测模型拟合度差,其他植被指数的预测模型拟合度均显著。产量受灌溉量的影响比较大,在三个灌溉水平处理条件下,使用机器学习方法建立产量预测模型,对比热红外数据和不使用热红外数据做出的产量预测模型,发现使用热红外数据做出的产量预测模型整体精度更高。

(5)输入作物冠层温度利用 QWaterModel 计算的 ET 空间分布,可以很好地体现作物冠层生理生长活动的空间变异特征,在没有充足的气象数据资料的情况下,通过无人机感知系统获取作物冠层温度影像数据,可以利用 QWaterModel 反演作物冠层的蒸散发空间分布。本书中采用的反演灌溉处方图的原理模型主要考虑了土壤中有效可利用水量,以土壤中作物有效根系吸水层内的田间持水量为灌溉上限,利用作物冠层 ET_{max} 判定灌溉周期,需要进一步考虑判定是否需要灌溉的临界作物冠层 ET,更合理地反演灌溉处方图。本书中反演方法可以给现代精准灌溉提供精准灌溉信息感知的借鉴。

该书的研究可以为大型喷灌机的水肥管理提供参考,无人机遥感是下一步集约化农田智慧化管理的便捷手段,可以更好地服务于精准管理及决策,提升现代农业信息化水平。

8.2　创新点

(1)针对大型平移式喷灌机喷头水力性能开展了模拟,提出了叠加域衡量喷洒水量效果评价方式,为变量灌溉喷灌机喷头的选型和喷灌机运行参数提供了参考途径。引入了无人机作为搭载平台的光谱感知精准灌溉信息系统,利用此系统开展了大型喷灌机不同灌溉水平处理条件下的作物信息提取并进行产量估算,结果显示即使在未使用布点RTK 数据校正的情境下,多光谱影像点云提取株高一致性、稳定性很好,特别是同一时期区域内的空间变异性差异显著。

(2)探索了利用热红外光谱影像数据反演作物水分亏缺及土壤水分墒情空间分布特征,热红外光谱影像数据可以作为灌溉预警和田间灌溉高效管理的高效数据支撑,无人机信息感知的方法是实现精准农业、精准灌溉的现实高效途径。

(3)构建了基于无人机光谱感知的大田热红外、多光谱空间分布特征,结合作物不同生育期生理生长指标,考虑气象数据、土壤墒情数据的作物精准灌溉处方图反演模型,为精准灌溉、智慧灌溉提供了精准灌溉信息数据支撑,为现代化农业田间管理提供了技术和方法参考。

8.3　展　望

(1)本书对大型平移式喷灌机喷头及喷灌机运行参数开展了试验研究,摸索一定喷灌机型号下的喷灌机相关参数,并模拟了喷头组合相关运行参数。由于试验条件限制,没有对现有喷灌机所有型号参数进行试验或调研,本书的结论只能为相关的研究提供数据和方法参考,无法为喷灌机的推广使用提供技术指导。此外,限于个人水平有限,没有对大型喷灌机运行模式进行模拟,在未来的研究中,将进一步结合大型喷灌机的田间实测情况,考虑喷灌机运行速率的变化,进一步分析模拟喷灌机的喷洒效果,以及雨滴的大小与蒸散发的关系做更深一步研究。

(2)书中利用了无人机光谱感知信息技术,在一定程度上对无人机承载系统进行了改进,借鉴了市面上商业改装思路,尚未深入做下去,没有形成成熟、特定的信息采集商业系统和软件。书中采取的无人机光谱感知信息提取方法大都借鉴了前人的思路和方法,产量估算仅仅使用了机器学习等相关算法模型,利用了小区的平均数据,未全面使用小区影像全部数据,下一步应该深入利用深度学习方法,针对影像的空间分布特征数据进行估算,进一步提高精准度和空间分布的代表性;总结凝练成熟的技术、方法并推广应用,解决现实农田生产、管理环节中相应的问题,服务于精准农业高效管理。

(3)本书土壤水分反演具有一定的代表性,而肥料的多因素相互作用,很难用光谱直接反演土壤中肥料含量。由于该试验没有测量叶片中氮素含量,没有通过光谱数据反演叶片中氮素含量的问题,是导致光谱反演氮素效果不理想的一个原因,下一步研究中应侧重解决叶片中元素反演问题。书中没有涉及热红外与多光谱影像数据联合构建植被指数,未来研究中将加强不同数据影像联合构建植被指数反演水肥时空分布差异。此外,书中光谱数据采集在连续性方面有所欠缺,没有涉及冠层温度日变化,通过热红外获取一日内不同时间段冠层温度空间分布数据相对变化,能更好地反演大田土壤水分的空间变异性;根据连续不间断的日影像数据,可以更好地反演水肥的时空变异性,将是下一步水肥精准管理重点关注的方面。

(4)该书仅提出了作物精准灌溉处方图的反演思路和方法,因限于本文试验研究期间灌溉技术及装备未改装到位,尚未在现实生产实践中付诸于农田精准管理应用,缺乏相应的应用验证及评价。下一步,将研发精准变量灌溉系统,开展高效精准灌溉研究,进一步探索智慧灌溉发展方向,做好做实现代化智慧灌溉管理技术推广应用。

参考文献

[1] 付元元. 基于遥感数据的作物长势参数反演及作物管理分区研究. 杭州:浙江大学, 2015.

[2] 巩兴晖,朱德兰,张林,等. 旋转折射式喷头动能分布规律试验. 农业机械学报,2014(12):43-49.

[3] 关红杰,李久生,栗岩峰. 干旱区棉花水分胁迫指数对滴灌均匀系数和灌水量的响应. 干旱地区农业研究, 2014(1):52-59.

[4] 韩文霆. 变量喷洒可控域精确灌溉喷头及喷灌技术研究. 咸阳:西北农林科技大学,2003.

[5] 韩文霆,崔利华,吴普特,等. 正三角形组合喷灌均匀度计算方法. 农业机械学报,2013(4):99-107.

[6] 韩文霆,王玄,孙瑜. 喷灌水量分布动态模拟与均匀性研究. 农业机械学报,2014(11):159-164+200.

[7] 韩文霆,吴普特,冯浩,等. 非圆形喷洒域变量施水精确灌溉喷头综述. 农业机械学报,2004a(5):220-224.

[8] 韩文霆,吴普特,冯浩,等. 仿形喷洒变量施水精确灌溉技术研究进展. 农业工程学报,2004b(1):16-19.

[9] 韩文霆,吴普特,杨青,等. 喷灌水量分布均匀性评价指标比较及研究进展. 农业工程学报,2005(9):172-177.

[10] 何志昆,刘光斌,赵曦晶,等. 高斯过程回归方法综述. 控制与决策,2013,28(8):1121-1129+1137.

[11] 胡学刚,吴开元. 基于 SVM 的显著性目标自动分割方法. 计算机工程与设计,2019,40(9):2572-2577+2637.

[12] 金宏智,何建强,钱一超. 变量技术在精准灌溉上的应用. 节水灌溉,2003(1):1-3+46.

[13] 李久生,饶敏杰. 喷灌水量分布均匀性评价指标的试验研究. 农业工程学报,1999(4):78-82.

[14] 李永冲,严海军,徐成波,等. 考虑水滴运动蒸发的喷灌水量分布模拟. 农业机械学报,2013(7):127-132.

[15] 李振海. 基于遥感数据和气象预报数据的 DSSAT 模型冬小麦产量和品质预报. 杭州:浙江大学,2016.

[16] 李宗南. 基于光能利用率模型和定量遥感的玉米生长监测方法研究. 北京:中国农业科学院,2014.

[17] 刘海军. 喷灌条件下田间小气候的变化和 SPAC 系统土壤水分运移规律的研究. 北京:中国农业科学院,2000.

[18] 吕红燕,冯倩. 随机森林算法研究综述. 河北省科学院学报,2019,36(3):37-41.

[19] 宋小锋. 基于岭回归的空气质量指数预测. 电子世界,2020(15):87-88.

[20] 孙明喆,毕瑶家,孙驰. 改进随机森林算法综述. 现代信息科技,2019,3(20):28-30.

[21] 孙圣,张劲松,孟平,等. 基于无人机热红外图像的核桃园土壤水分预测模型建立与应用. 农业工程学报,2018,34(16):89-95.

[22] 唐华俊. 强化数字农业科技创新. 中国合作经济,2020(3):10-11.

[23] 陶惠林,徐良骥,冯海宽,等. 基于无人机数码影像的冬小麦株高和生物量估算. 农业工程学报,2019,35(19):107-116.

[24] 王来刚. 基于多源遥感信息融合的小麦生长监测研究. 南京:南京农业大学,2012.

[25] 王声锋,段爱旺,张展羽,等. 基于随机降水的冬小麦灌溉制度制定. 农业工程学报,2010(12):47-52.

[26] 王忠民,李和娜,张荣,等.融合卷积神经网络与支持向量机的表情识别.计算机工程与设计,2019, 40(12):3594-3600.

[27] 严海军.基于变量技术的圆形和平移式喷灌机水量分布特性的研究.北京:中国农业大学,2005.

[28] 严海军,郑耀泉.两种园林地埋式喷头组合喷洒性能的模拟试验.农业工程学报,2004(1):84-86.

[29] 杨青,庞树杰,杨成海,等.集成 GPS 和 GIS 技术的变量灌溉控制系统.农业工程学报,2006 (10):134-138.

[30] 杨世凤,王建新,周建军,等.基于变量灌溉数学模型的决策支持系统研究.农业工程学报,2005 (11):37-40.

[31] 叶守泽.水文水利计算.武汉:中国水利水电出版社,1994.

[32] 于丰华.基于无人机高光谱遥感的东北粳稻生长信息反演建模研究.沈阳:沈阳农业大学,2017.

[33] 袁国富,罗毅,孙晓敏,等.作物冠层表面温度诊断冬小麦水分胁迫的试验研究.农业工程学报, 2002(6):13-17.

[34] 张小超,王一鸣,汪友祥,等.GPS 技术在大型喷灌机变量控制中的应用.农业机械学报,2004 (6):102-105+123.

[35] 张振华,蔡焕杰,杨润亚,等.膜下滴灌棉花产量和品质与作物缺水指标的关系研究.农业工程 学报,2005(6):26-29.

[36] 张智韬,边江,韩文霆,等.剔除土壤背景的棉花水分胁迫无人机热红外遥感诊断.农业机械学 报,2018,49(10):250-260.

[37] 张智韬,许崇豪,谭丞轩,等.覆盖度对无人机热红外遥感反演玉米土壤含水率的影响.农业机 械学报,2019,50(8):213-225.

[38] 赵伟霞,李久生,栗岩峰.考虑喷灌田间小气候变化作用确定灌水技术参数方法探讨.中国生态 农业学报,2012(9):1166-1172.

[39] 赵伟霞,李久生,杨汝苗,等.田间试验评估圆形喷灌机变量灌溉系统水量分布特性.农业工程 学报,2014(22):53-62.

[40] 朱兴业,刘俊萍,袁寿其.旋转式射流喷头结构参数及组合间距对喷洒均匀性的影响.农业工程 学报,2013(6):66-72.

[41] Aasen H, Bolten A. Multi-temporal high-resolution imaging spectroscopy with hyperspectral 2D imagers - From theory to application. Remote Sensing of Environment, 2018,205: 374-389. doi:https://doi. org/ 10. 1016/j. rse. 2017. 10. 043.

[42] Abrishambaf O, Faria P, Gomes L,et al. Agricultural irrigation scheduling for a crop management system considering water and energy use optimization. Energy Reports, 2020, 6: 133-139. doi:https://doi. org/10. 1016/j. egyr. 2019. 08. 031.

[43] Alchanatis V, Cohen Y, Cohen S,et al. Evaluation of different approaches for estimating and mapping crop water status in cotton with thermal imaging. Precis. Agric. ,2010,11(1): 27-41. doi:10. 1007/ s11119-009-9111-7.

[44] Allred B, Martinez L, Fessehazion M K, et al. Overall results and key findings on the use of UAV visible-color, multispectral, and thermal infrared imagery to map agricultural drainage pipes. Agricultural Water Management ,2020 ,232: 106036. doi:https://doi. org/10. 1016/j. agwat. 2020. 106036.

[45] Amani I, Fischer R A,Reynolds M P. Canopy temperature depression association with yield of irrigated spring wheat cultivars in a hot climate. Journal of Agronomy and Crop Science-Zeitschrift Fur Acker Und Pflanzenbau, 1996 ,176(2): 119-129. doi:10. 1111/j. 1439-037X. 1996. tb00454. x.

[46] Anderson M C, Kustas W P, Norman J M. Upscaling flux observations from local to continental scales using thermal remote sensing. Agronomy Journal, 2007, 99 (1): 240-254. doi: 10. 2134/agronj2005. 0096S.

[47] Ballester C, Jiménez-Bello M A, Castel J R, et al. Usefulness of thermography for plant water stress detection in citrus and persimmon trees. Agricultural and Forest Meteorology, 2013, 168: 120-129. doi: https://doi. org/10. 1016/j. agrformet. 2012. 08. 005.

[48] Baluja J, Diago M P, Balda P, et al. Assessment of vineyard water status variability by thermal and multispectral imagery using an unmanned aerial vehicle (UAV). Irrigation Science, 2012, 30(6): 511-522. doi: 10. 1007/s00271-012-0382-9.

[49] Bellvert J, Zarco-Tejada P J, Girona J, et al. Mapping crop water stress index in a 'Pinot-noir' vineyard: comparing ground measurements with thermal remote sensing imagery from an unmanned aerial vehicle. Precis. Agric. , 2014, 15(4): 361-376. doi: 10. 1007/s11119-013-9334-5.

[50] Bendig J, Bolten A, Bennertz S, et al. Estimating Biomass of Barley Using Crop Surface Models (CSMs) Derived from UAV-Based RGB Imaging. Remote Sensing, 2014, 6(11): 10395-10412. doi: 10. 3390/rs61110395.

[51] Bendig J, Yu K, Aasen H, et al. Combining UAV-based plant height from crop surface models, visible, and near infrared vegetation indices for biomass monitoring in barley. International Journal of Applied Earth Observation and Geoinformation, 2015, 39: 79-87. doi: https://doi. org/10. 1016/j. jag. 2015. 02. 012.

[52] Berni J A J, Zarco-Tejada P J, Suarez L, et al. Thermal and Narrowband Multispectral Remote Sensing for Vegetation Monitoring From an Unmanned Aerial Vehicle. Ieee Transactions on Geoscience and Remote Sensing, 2009, 47(3): 722-738. doi: 10. 1109/tgrs. 2008. 2010457.

[53] Bian J, Zhang Z T, Chen J Y, et al. Simplified Evaluation of Cotton Water Stress Using High Resolution Unmanned Aerial Vehicle Thermal Imagery. Remote Sensing, 2019, 11 (3): 17. doi: 10. 3390/rs11030267.

[54] Caldwell S H, Kelleher C, Baker E A, et al. Relative information from thermal infrared imagery via unoccupied aerial vehicle informs simulations and spatially-distributed assessments of stream temperature. Science of The Total Environment, 2019, 661: 364-374. doi: https://doi. org/10. 1016/j. scitotenv. 2018. 12. 457.

[55] Cao J, Leng W, Liu K, et al. Object-Based Mangrove Species Classification Using Unmanned Aerial Vehicle Hyperspectral Images and Digital Surface Models. Remote Sensing, 2018, 10(1): 89.

[56] Chang A, Jung J, Maeda M M, et al. Crop height monitoring with digital imagery from Unmanned Aerial System (UAS). Computers and Electronics in Agriculture, 2017, 141: 232-237. doi: https://doi. org/10. 1016/j. compag. 2017. 07. 008.

[57] Chavez J L, Torres-Rua A F, Woldt W E, et al. A DECADE OF UNMANNED AERIAL SYSTEMS IN IRRIGATED AGRICULTURE IN THE WESTERN US. Applied Engineering in Agriculture, 2020, 36 (4): 423-436. doi: 10. 13031/aea. 13941.

[58] Chen A, Orlov-Levin V, Meron M. Applying high-resolution visible-channel aerial imaging of crop canopy to precision irrigation management. Agricultural Water Management, 2019a, 216: 196-205. doi: https://doi. org/10. 1016/j. agwat. 2019. 02. 017.

[59] Chen J Z, Lin L R, Lu G A. An index of soil drought intensity and degree: An application on corn and a comparison with CWSI. Agricultural Water Management, 2010, 97(6): 865-871. doi: 10. 1016/j.

agwat. 2010. 01. 017.

[60] Chen X, Wang F, Jiang L, et al. Impact of center pivot irrigation on vegetation dynamics in a farming-pastoral ecotone of Northern China: A case study in Ulanqab, Inner Mongolia. Ecological Indicators, 2019b, 101: 274-284. doi: https://doi. org/10. 1016/j. ecolind. 2019. 01. 027.

[61] Chu H J, Kong S J, Chang C H. Spatio-temporal water quality mapping from satellite images using geographically and temporally weighted regression. International Journal of Applied Earth Observation and Geoinformation, 2018, 65: 1-11. doi: https://doi. org/10. 1016/j. jag. 2017. 10. 001.

[62] Cook K L. An evaluation of the effectiveness of low-cost UAVs and structure from motion for geomorphic change detection. Geomorphology, 2017, 278: 195-208. doi: https://doi. org/10. 1016/j. geomorph. 2016. 11. 009.

[63] Corcoles J I, Ortega J F, Hernandez D, et al. Estimation of leaf area index in onion (Allium cepa L.) using an unmanned aerial vehicle. Biosystems Engineering, 2013, 115(1): 31-42. doi: 10. 1016/j. biosystemseng. 2013. 02. 002.

[64] Costa J D, Coelho R D, Barros T H D, et al. Canopy thermal response to water deficit of coffee plants under drip irrigation. Irrig. Drain. : 11. doi: 10. 1002/ird. 2429.

[65] Dandan Z, Jiayin S, Kun L, et al. Effects of irrigation and wide-precision planting on water use, radiation interception, and grain yield of winter wheat in the North China Plain. Agricultural Water Management, 2013, 118: 87-92. doi: https://doi. org/10. 1016/j. agwat. 2012. 11. 019.

[66] Dandois J P, Ellis E C. High spatial resolution three-dimensional mapping of vegetation spectral dynamics using computer vision. Remote Sensing of Environment, 2013, 136: 259-276. doi: 10. 1016/j. rse. 2013. 04. 005.

[67] Dogan E, Kirnak H, Dogan Z. Effect of varying the distance of collectors below a sprinkler head and travel speed on measurements of mean water depth and uniformity for a linear move irrigation sprinkler system. Biosystems Engineering, 2008, 99(2): 190-195. doi: http://dx. doi. org/10. 1016/j. biosystemseng. 2007. 10. 018.

[68] Duan B, Liu Y T, Gong Y, et al. Remote estimation of rice LAI based on Fourier spectrum texture from UAV image. Plant Methods, 2019, 15(1): 12. doi: 10. 1186/s13007-019-0507-8.

[69] Ellsäßer F, Röll A, Stiegler C, et al. Introducing QWaterModel, a QGIS plugin for predicting evapotranspiration from land surface temperatures. Environmental Modelling & Software, 2020, 130: 104739. doi: 10. 1016/j. envsoft. 2020. 104739.

[70] ElMasry G, ElGamal R, Mandour N, et al. Emerging thermal imaging techniques for seed quality evaluation: Principles and applications. Food Research International, 2020, 131. doi: 10. 1016/j. foodres. 2020. 109025.

[71] Eugenio F C, Grohs M, Venancio L P, et al. Estimation of soybean yield from machine learning techniques and multispectral RPAS imagery. Remote Sensing Applications: Society and Environment, 2020, 20: 100397. doi: https://doi. org/10. 1016/j. rsase. 2020. 100397.

[72] Evans R G, Han S, Kroeger M W. Spatial-Distribution and Uniformity Evaluations for Chemigation with Center Pivots. Transactions of the Asae, 1995, 38(1): 85-92.

[73] Ezenne G I, Jupp L, Mantel S K, et al. Current and potential capabilities of UAS for crop water productivity in precision agriculture. Agricultural Water Management, 2019, 218: 158-164. doi: https://doi. org/10. 1016/j. agwat. 2019. 03. 034.

[74] Fereres E, Evans R G. Irrigation of fruit trees and vines: an introduction. Irrigation Science, 2006, 24

（2）：55-57. doi：10. 1007/s00271-005-0019-3.

[75] Fu Z, Jiang J, Gao Y, et al. Wheat Growth Monitoring and Yield Estimation based on Multi-Rotor Unmanned Aerial Vehicle. Remote Sensing, 2020a,12(3). doi：10. 3390/rs12030508.

[76] Fu Z P, Jiang J, Gao Y, et al. Wheat Growth Monitoring and Yield Estimation based on Multi-Rotor Unmanned Aerial Vehicle. Remote Sensing, 2020b, 12(3)：19. doi：10. 3390/rs12030508.

[77] García-Tejero I F, Gutiérrez-Gordillo S, Ortega-Arévalo C, et al. Thermal imaging to monitor the crop-water status in almonds by using the non-water stress baselines. Scientia Horticulturae, 2018,238：91-97. doi：https：//doi. org/10. 1016/j. scienta. 2018. 04. 045.

[78] Gerhards M, Schlerf M, Mallick K,et al. Challenges and Future Perspectives of Multi-/Hyperspectral Thermal Infrared Remote Sensing for Crop Water-Stress Detection：A Review. Remote Sensing, 2019,11(10). doi：10. 3390/rs11101240.

[79] Goebel T S, Lascano R J. Rainwater use by cotton under subsurface drip and center pivot irrigation. Agricultural Water Management, 2019, 215：1-7. doi：https：//doi. org/10. 1016/j. agwat. 2018. 12. 027.

[80] Gómez-Candón D, Virlet N, Labbé S, et al. Field phenotyping of water stress at tree scale by UAV-sensed imagery：new insights for thermal acquisition and calibration. Precision Agriculture, 2016 ,17(6)：786-800. doi：10. 1007/s11119-016-9449-6.

[81] Gonzalez-Dugo V, Zarco-Tejada P J, Fereres E. Applicability and limitations of using the crop water stress index as an indicator of water deficits in citrus orchards. Agricultural and Forest Meteorology, 2014,198：94-104.

[82] Guo L, Fu P, Shi T, et al. Mapping field-scale soil organic carbon with unmanned aircraft system-acquired time series multispectral images. Soil & Tillage Research, 2020, 196. doi：10. 1016/j. still. 2019. 104477.

[83] Haghverdi A, Leib B G, Washington-Allen R A,et al. Studying uniform and variable rate center pivot irrigation strategies with the aid of site-specific water production functions. Computers and Electronics in Agriculture, 2016,123：327-340. doi：http：//dx. doi. org/10. 1016/j. compag. 2016. 03. 010.

[84] Halbritter A H, De Boeck H J, Eycott A E, et al. The handbook for standardized field and laboratory measurements in terrestrial climate change experiments and observational studies (ClimEx). Methods in Ecology and Evolution, 2020, 11(1)：22-37. doi：10. 1111/2041-210X. 13331.

[85] Han L, Yang G, Dai H, et al. Modeling maize above-ground biomass based on machine learning approaches using UAV remote-sensing data. Plant Methods, 2019,15(1)：10. doi：10. 1186/s13007-019-0394-z.

[86] Han Y J, Khalilian A, Owino T O, et al. Development of Clemson variable-rate lateral irrigation system. Computers and Electronics in Agriculture, 2009,68(1)：108-113. doi：http：//dx. doi. org/10. 1016/j. compag. 2009. 05. 002.

[87] Harvey M C, Rowland J V, Luketina K M. Drone with thermal infrared camera provides high resolution georeferenced imagery of the Waikite geothermal area, New Zealand. Journal of Volcanology and Geothermal Research, 2016, 325：61-69.

[88] Hassan-Esfahani L, Torres-Rua A, Jensen A,et al. Assessment of Surface Soil Moisture Using High-Resolution Multi-Spectral Imagery and Artificial Neural Networks. Remote Sensing, 2015,7(3)：2627-2646.

[89] Hatfield J L. The utilization of thermal infrared radiation measurements from grain sorghum crops as a method of assessing their irrigation requirements. Irrigation Science, 1983, 3(4)：259-268. doi：10.

1007/BF00272841.

[90] Hawley R L, Millstein J D. Quantifying snow drift on Arctic structures: A case study at Summit, Greenland, using UAV-based structure-from-motion photogrammetry. Cold Regions Science and Technology, 2019, 157: 163-170. doi: https://doi.org/10.1016/j.coldregions.2018.10.007.

[91] Helgesen H H, Leira F S, Bryne T H, et al. Real-time georeferencing of thermal images using small fixed-wing UAVs in maritime environments. ISPRS Journal of Photogrammetry and Remote Sensing, 2019, 154: 84-97. doi: https://doi.org/10.1016/j.isprsjprs.2019.05.009.

[92] Holman F H, Riche A B, Michalski A, et al. High Throughput Field Phenotyping of Wheat Plant Height and Growth Rate in Field Plot Trials Using UAV Based Remote Sensing. Remote Sensing, 2016, 8(12). doi: 10.3390/rs8121031.

[93] Hunsaker D J, French A N, Waller P M, et al. Comparison of traditional and ET-based irrigation scheduling of surface-irrigated cotton in the arid southwestern USA. Agricultural Water Management, 2015, 159: 209-224. doi: http://dx.doi.org/10.1016/j.agwat.2015.06.016.

[94] Hunt E R, Jr Hively W D, Fujikawa S J, et al. Acquisition of NIR-Green-Blue Digital Photographs from Unmanned Aircraft for Crop Monitoring. Remote Sensing, 2010, 2(1): 290-305. doi: 10.3390/rs2010290.

[95] Hussain S, Gao K, Din M, et al. Assessment of UAV-Onboard Multispectral Sensor for Non-Destructive Site-Specific Rapeseed Crop Phenotype Variable at Different Phenological Stages and Resolutions. Remote Sensing, 2020, 12(3). doi: 10.3390/rs12030397.

[96] Idso S B, Jackson R D, Reginato R J. Remote-sensing of crop yields. Science, USA, 1977, 196(4285): 19-25. doi: 10.1126/science.196.4285.19.

[97] Ishida T, Kurihara J, Viray F A, et al. A novel approach for vegetation classification using UAV-based hyperspectral imaging. Computers and Electronics in Agriculture, 2018, 144: 80-85. doi: https://doi.org/10.1016/j.compag.2017.11.027.

[98] Jackson R D, Idso S B, Reginato R J, et al. Canopy temperature as a crop water stress indicator. Water Resources Research, 1981, 17(4): 1133-1138. doi: 10.1029/WR017i004p01133.

[99] Jackson R D, Kustas W P, Choudhury B J. A reexamination of the crop water stress index. Irrigation Science, 1988, 9(4): 309-317. doi: 10.1007/bf00296705.

[100] Jackson R D, Reginato R J, Idso S B. Wheat canopy temperature: a practical tool for evaluating water requirements. Water Resources Research, 1977, 13(3): 651-656. doi: 10.1029/WR013i003p00651.

[101] Jones H G. Irrigation scheduling: advantages and pitfalls of plant-based methods. Journal of Experimental Botany, 2004, 55(407): 2427-2436. doi: 10.1093/jxb/erh213.

[102] Jung J, Maeda M, Chang A, et al. Unmanned aerial system assisted framework for the selection of high yielding cotton genotypes. Computers and Electronics in Agriculture, 2018, 152: 74-81. doi: https://doi.org/10.1016/j.compag.2018.06.051.

[103] Kang S, Evett S R, Robinson C A, et al. Simulation of winter wheat evapotranspiration in Texas and Henan using three models of differing complexity. Agricultural Water Management, 2009, 96(1): 167-178. doi: 10.1016/j.agwat.2008.07.006.

[104] Khoshboresh Masouleh M, Shah-Hosseini R. Development and evaluation of a deep learning model for real-time ground vehicle semantic segmentation from UAV-based thermal infrared imagery. ISPRS Journal of Photogrammetry and Remote Sensing, 2019, 155: 172-186. doi: https://doi.org/10.1016/j.isprsjprs.2019.07.009.

[105] Ko J, Piccinni G, Marek T, et al. Determination of growth-stage-specific crop coefficients (Kc) of cotton and wheat. Agricultural Water Management, 2009, 96(12): 1691-1697. doi: http://dx. doi. org/ 10. 1016/j. agwat. 2009. 06. 023.

[106] Li F, Yang W C, Liu X Y, et al. Using high-resolution UAV-borne thermal infrared imagery to detect coal fires in Majiliang mine, Datong coalfield, Northern China. Remote Sensing Letters, 2018, 9(1): 71-80.

[107] Li J, Inanaga S, Li Z, et al. Optimizing irrigation scheduling for winter wheat in the North China Plain. Agricultural Water Management, 2005, 76(1): 8-23. doi: 10. 1016/j. agwat. 2005. 01. 006.

[108] Li L, Chen J, Mu X, et al. Quantifying Understory and Overstory Vegetation Cover Using UAV-Based RGB Imagery in Forest Plantation. Remote Sensing, 2020, 12(2). doi: 10. 3390/rs12020298.

[109] Liu H J, Kang Y. Effect of sprinkler irrigation on microclimate in the winter wheat field in the North China Plain. Agricultural Water Management, 2006, 84(1-2): 3-19. doi: http://dx. doi. org/10. 1016/j. agwat. 2006. 01. 015.

[110] Lu N, Zhou J, Han Z, et al. Improved estimation of aboveground biomass in wheat from RGB imagery and point cloud data acquired with a low-cost unmanned aerial vehicle system. Plant Methods, 2019, 15 (1): 17. doi: 10. 1186/s13007-019-0402-3.

[111] Madugundu R, Al-Gaadi K A, Tola E, et al. Utilization of Landsat-8 data for the estimation of carrot and maize crop water footprint under the arid climate of Saudi Arabia. Plos One, 2018, 13(2). doi: 10. 1371/journal. pone. 0192830.

[112] Maes W H, Steppe K. Estimating evapotranspiration and drought stress with ground-based thermal remote sensing in agriculture: a review. Journal of Experimental Botany, 2012, 63(13): 4671-4712. doi: 10. 1093/jxb/ers165.

[113] Maimaitijiang M, Sagan V, Sidike P, et al. Soybean yield prediction from UAV using multimodal data fusion and deep learning. Remote Sensing of Environment, 2020a, 237. doi: 10. 1016/j. rse. 2019. 111599.

[114] Maimaitijiang M, Sagan V, Sidike P, et al. Soybean yield prediction from UAV using multimodal data fusion and deep learning. Remote Sensing of Environment, 2020b, 237: 111599. doi: https://doi. org/ 10. 1016/j. rse. 2019. 111599.

[115] Mao K b, Ma Y, Xia L, et al. The Monitoring Analysis for the Drought in China by Using an Improved MPI Method. Journal of Integrative Agriculture, 2012, 11(6): 1048-1058. doi: 10. 1016/s2095-3119 (12) 60097-5.

[116] Maselli F, Chiesi M, Angeli L, et al. An improved NDVI-based method to predict actual evapotranspiration of irrigated grasses and crops. Agricultural Water Management, 2020, 233: 106077. doi: https://doi. org/10. 1016/j. agwat. 2020. 106077.

[117] McCarthy A C, Hancock N H, Raine S R. VARIwise: A general-purpose adaptive control simulation framework for spatially and temporally varied irrigation at sub-field scale. Computers and Electronics in Agriculture, 2010, 70(1): 117-128. doi: http://dx. doi. org/10. 1016/j. compag. 2009. 09. 011.

[118] McCarthy A C, Hancock N H, Raine S R. Development and simulation of sensor-based irrigation control strategies for cotton using the VARIwise simulation framework. Computers and Electronics in Agriculture, 2014, 101: 148-162. doi: http://dx. doi. org/10. 1016/j. compag. 2013. 12. 014.

[119] Meneses N C, Baier S, Reidelstürz P, et al. Modelling heights of sparse aquatic reed (Phragmites australis) using Structure from Motion point clouds derived from Rotary- and Fixed-Wing Unmanned Aerial

Vehicle (UAV) data. Limnologica, 2018, 72: 10-21. doi:https://doi. org/10. 1016/j. limno. 2018. 07. 001.

[120] Milly P C D, Wetherald R T, Dunne K A,et al. Increasing risk of great floods in a changing climate. Nature, 2002,415(6871): 514-517. doi:10. 1038/415514a.

[121] Mishra A K, Singh V P. A review of drought concepts. J. Hydrol. , 2010, 391(1-2): 204-216. doi: 10. 1016/j. jhydrol. 2010. 07. 012.

[122] Mishra A K, Singh V P. Drought modeling-A review. J. Hydrol. , 2011,403(1-2): 157-175. doi:10. 1016/j. jhydrol. 2011. 03. 049.

[123] Mohamed H, Abd El-wahed M M, G Lorenzini. Harvesting water in a center pivot irrigation system: Evaluation of distribution uniformity with varying operating parameters. Journal of Engineering Thermo-plastics, 2015,24(2): 143-151 doi:10. 1134/S1810232815020058.

[124] Moreira Barradas J M, Dida B, Matula S,et al. A model to formulate nutritive solutions for fertigation with customized electrical conductivity and nutrient ratios. , 2018. Irrigation Science. doi: 10. 1007/ s00271-018-0569-9.

[125] Moreno M A, Medina D, Ortega J F,et al. Optimal design of center pivot systems with water supplied from wells. Agricultural Water Management, 2012,107: 112-121. doi:http://dx. doi. org/10. 1016/j. agwat. 2012. 01. 016.

[126] Morison J I L, Baker N R, Mullineaux P M,et al. Improving water use in crop production. Philosophi-cal Transactions of the Royal Society B-Biological Sciences, 2008, 363 (1491): 639-658. doi: 10. 1098/rstb. 2007. 2175.

[127] Mushtaq S, Maraseni T N, Reardon-Smith K. Climate change and water security: Estimating the green-house gas costs of achieving water security through investments in modern irrigation technology. Agricul-tural Systems, 2013,117: 78-89. doi:10. 1016/j. agsy. 2012. 12. 009.

[128] Nahry A H E, Ali R R, Baroudy A A E. An approach for precision farming under pivot irrigation system using remote sensing and GIS techniques. Agricultural Water Management, 2011, 98(4): 517-531. doi:https://doi. org/10. 1016/j. agwat. 2010. 09. 012.

[129] Nishar A, Richards S, Breen D, et al. Thermal infrared imaging of geothermal environments and by an unmanned aerial vehicle (UAV): A case study of the Wairakei -Tauhara geothermal field, Taupo, New Zealand. Renewable Energy, 2016, 86: 1256-1264. doi:https://doi. org/10. 1016/j. renene. 2015. 09. 042.

[130] Norman J M, Kustas W P, Humes K S. Source approach for estimating soil and vegetation energy fluxes in observations of directional radiometric surface-temperature. Agricultural and Forest Meteorology, 1995, 77(3-4): 263-293. doi:10. 1016/0168-1923(95)02265-y.

[131] O'Shaughnessy S A, Evett S R, Colaizzi P D. Dynamic prescription maps for site-specific variable rate irrigation of cotton. Agricultural Water Management, 2015, 159: 123-138. doi: 10. 1016/j. agwat. 2015. 06. 001.

[132] O'Shaughnessy S A, Andrade M A, Evett S R. Using an integrated crop water stress index for irrigation scheduling of two corn hybrids in a semi-arid region. Irrigation Science, 2017,35(5): 451-467. doi: 10. 1007/s00271-017-0552-x.

[133] Osroosh Y, Khot L R, Peters R T. Economical thermal-RGB imaging system for monitoring agricultural crops. Computers and Electronics in Agriculture, 2018,147: 34-43. doi:10. 1016/j. compag. 2018. 02. 018.

[134] Ouazaa S, Latorre B, Burguete J, et al. Effect of the start-stop cycle of center-pivot towers on irrigation performance: Experiments and simulations. Agricultural Water Management, 2015, 147: 163-174. doi:http://dx. doi. org/10. 1016/j. agwat. 2014. 05. 013.

[135] Ouazaa S, Latorre B, Burguete J, et al. Effect of intra-irrigation meteorological variability on seasonal center-pivot irrigation performance and corn yield. Agricultural Water Management, 2016, 177: 201-214. doi:http://dx. doi. org/10. 1016/j. agwat. 2016. 06. 020.

[136] Piccinni G, Ko J, Marek T, et al. Determination of growth-stage-specific crop coefficients (KC) of maize and sorghum. Agricultural Water Management, 2009, 96(12): 1698-1704. doi:http://dx. doi. org/10. 1016/j. agwat. 2009. 06. 024.

[137] Playán E, Salvador R, Faci J M, et al. Day and night wind drift and evaporation losses in sprinkler solid-sets and moving laterals. Agricultural Water Management, 2005, 76(3): 139-159. doi:http://dx. doi. org/10. 1016/j. agwat. 2005. 01. 015.

[138] Poirier-Pocovi M, Volder A, Bailey B N. Modeling of reference temperatures for calculating crop water stress indices from infrared thermography. Agricultural Water Management, 2020, 233: 106070. doi:10. 1016/j. agwat. 2020. 106070.

[139] Quanqi L, Xunbo Z, Yuhai C, et al. Water consumption characteristics of winter wheat grown using different planting patterns and deficit irrigation regime. Agricultural Water Management, 2012, 105(0): 8-12. doi:10. 1016/j. agwat. 2011. 12. 015.

[140] Radoglou-Grammatikis P, Sarigiannidis P, Lagkas T, et al. A Compilation of UAV Applications for Precision Agriculture. Computer Networks: 107148. 2020, doi:https://doi. org/10. 1016/j. comnet. 2020. 107148.

[141] Roth L, Hund A, Aasen H. PhenoFly Planning Tool: flight planning for high-resolution optical remote sensing with unmanned areal systems. Plant Methods, 2018, 14(1). doi:10. 1186/s13007-018-0376-6.

[142] Sadeghi S H, Peters T R, Amini M Z, et al. Novel approach to evaluate the dynamic variation of wind drift and evaporation losses under moving irrigation systems. Biosystems Engineering, 2015, 135: 44-53. doi:http://dx. doi. org/10. 1016/j. biosystemseng. 2015. 04. 011.

[143] Sanhueza D, Picco L, Ruiz-Villanueva V, et al. Quantification of fluvial wood using UAVs and structure from motion. Geomorphology, 2019, 345: 106837. doi:https://doi. org/10. 1016/j. geomorph. 2019. 106837.

[144] Santesteban L G, Di Gennaro S F, Herrero-Langreo A, et al. High-resolution UAV-based thermal imaging to estimate the instantaneous and seasonal variability of plant water status within a vineyard. Agricultural Water Management, 2017, 183: 49-59. doi:https://doi. org/10. 1016/j. agwat. 2016. 08. 026.

[145] Schmitter P, Steinrücken J, Römer C, et al. Unsupervised domain adaptation for early detection of drought stress in hyperspectral images. ISPRS Journal of Photogrammetry and Remote Sensing, 2017, 131: 65-76. doi:https://doi. org/10. 1016/j. isprsjprs. 2017. 07. 003.

[146] Shang S, Li X, Mao X, et al. Simulation of water dynamics and irrigation scheduling for winter wheat and maize in seasonal frost areas. Agricultural Water Management, 2004, 68(2): 117-133. doi:10. 1016/j. agwat. 2004. 03. 009.

[147] Shang S, Mao X. Application of a simulation based optimization model for winter wheat irrigation scheduling in North China. Agricultural Water Management, 2006, 85(3): 314-322. doi:10. 1016/j. agwat.

2006. 05. 015.

[148] Stahl A, Wittkop B, Snowdon R J. High-resolution digital phenotyping of water uptake and transpiration efficiency. Trends in Plant Science. 2020, doi:https://doi. org/10. 1016/j. tplants. 2020. 02. 001.

[149] Sui J, Wang J, Gong S, et al. Assessment of maize yield-increasing potential and optimum N level under mulched drip irrigation in the Northeast of China. Field Crops Research, 2018,215: 132-139. doi: https://doi. org/10. 1016/j. fcr. 2017. 10. 009.

[150] Sui R, Baggard J. Center-Pivot-Mounted Sensing System for Monitoring Plant Height and Canopy Temperature. Trans. ASABE, 2018, 61(3): 831-837. doi:10. 13031/trans. 12506.

[151] Sui R, O'Shaughnessy S A, Evett S R, et al. Evaluation of a Decision Support System for Variable-Rate Irrigation in a Humid Region. Trans. ASABE, 2020,63(5): 1207-1215. doi:https://doi. org/10. 13031/trans. 13904.

[152] Sui R, Yan H. Field Study of Variable Rate Irrigation Management in Humid Climates. Irrig. Drain. , 2017, 66(3): 327-339. doi:10. 1002/ird. 2111.

[153] Sun H, Shen Y, Yu Q, et al. Effect of precipitation change on water balance and WUE of the winter wheat-summer maize rotation in the North China Plain. Agricultural Water Management, 2010,97(8): 1139-1145. doi:10. 1016/j. agwat. 2009. 06. 004.

[154] Testa S, Soudani K, Boschetti L,et al. MODIS-derived EVI, NDVI and WDRVI time series to estimate phenological metrics in French deciduous forests. International Journal of Applied Earth Observation and Geoinformation, 2018, 64: 132-144. doi:https://doi. org/10. 1016/j. jag. 2017. 08. 006.

[155] Timmermans W J, Kustas W P, Andreu A. Utility of an Automated Thermal-Based Approach for Monitoring Evapotranspiration. Acta Geophysica, 2015, 63(6): 1571-1608. doi: 10. 1515/acgeo-2015-0016.

[156] Turner R M, MacLaughlin M M, Iverson S R. Identifying and mapping potentially adverse discontinuities in underground excavations using thermal and multispectral UAV imagery. Engineering Geology, 2020,266: 105470. doi:https://doi. org/10. 1016/j. enggeo. 2019. 105470.

[157] Uddin J M, Smith R J, Hancock N H,et al. Estimation of wet canopy bulk stomatal resistance from energy flux measurements during sprinkler irrigation. Biosystems Engineering, 2016, 143: 61-67. doi: 10. 1016/j. biosystemseng. 2015. 12. 017.

[158] USA A S o A E. Procedure for sprinkler distribution testing for research purposes. ANSI/ASAE S330. 1 DEC01. ASAE Standards 2002: Standards Engineering Practices, Data, 863-865.

[159] Valín M I, Cameira M R, Teodoro P R,et al. DEPIVOT: A model for center-pivot design and evaluation. Computers and Electronics in Agriculture, 2012,87: 159-170. doi:http://dx. doi. org/10. 1016/j. compag. 2012. 06. 004.

[160] Wallace L, Lucieer A, Watson C,et al. Development of a UAV-LiDAR System with Application to Forest Inventory. Remote Sensing, 2012,4(6): 1519-1543. doi:10. 3390/rs4061519.

[161] Wang Y, Wen W, Wu S, et al. Maize Plant Phenotyping: Comparing 3D Laser Scanning, Multi-View Stereo Reconstruction, and 3D Digitizing Estimates. Remote Sensing, 2018,11(1): 63.

[162] Watanabe K, Guo W, Arai K, et al. High-Throughput Phenotyping of Sorghum Plant Height Using an Unmanned Aerial Vehicle and Its Application to Genomic Prediction Modeling. Frontiers in Plant Science, 2017,8. doi:10. 3389/fpls. 2017. 00421.

[163] Webster C, Westoby M, Rutter N,et al. Three-dimensional thermal characterization of forest canopies using UAV photogrammetry. Remote Sensing of Environment, 2018,209: 835-847. doi:https://doi.

org/10. 1016/j. rse. 2017. 09. 033.

[164] Yang Y, Moiwo J P, et al. Estimation of irrigation requirement for sustainable water resources reallocation in North China. Agricultural Water Management, 2010, 97(11): 1711-1721. doi:10.1016/j. agwat. 2010. 06. 002.

[165] Yoo J, Kwon H H, Kim T W, et al. Drought frequency analysis using cluster analysis and bivariate probability distribution. J. Hydrol. , 2012,420-421(0): 102-111. doi:10. 1016/j. jhydrol. 2011. 11. 046.

[166] Zarco-Tejada P J, Diaz-Varela R, Angileri V, et al. Tree height quantification using very high resolution imagery acquired from an unmanned aerial vehicle (UAV) and automatic 3D photo-reconstruction methods. European Journal of Agronomy, 2014, 55: 89-99. doi:10. 1016/j. eja. 2014. 01. 004.

[167] Zhao B, Duan A, Ata-Ul-Karim S T, et al. Exploring new spectral bands and vegetation indices for estimating nitrogen nutrition index of summer maize. European Journal of Agronomy, 2018a, 93: 113-125. doi:https://doi. org/10. 1016/j. eja. 2017. 12. 006.

[168] Zhao B Q, Zhang J, Yang C H, et al. Rapeseed Seedling Stand Counting and Seeding Performance Evaluation at Two Early Growth Stages Based on Unmanned Aerial Vehicle Imagery. Frontiers in Plant Science, 9, 2018b.

[169] Zhao W, Li J, Li Y. Modeling sprinkler efficiency with consideration of microclimate modification effects. Agricultural and Forest Meteorology, 2012, 161: 116-122. doi:http://dx. doi. org/10. 1016/j. agrformet. 2012. 03. 019.

[170] Zheng H, Zhou X, He J, et al. Early season detection of rice plants using RGB, NIR-G-B and multispectral images from unmanned aerial vehicle (UAV). Computers and Electronics in Agriculture, 2020, 169. doi:10. 1016/j. compag. 2020. 10.

[171] Sulyman A A, Zainab O A. Evaluation of the Wisconsin Breast Cancer Dataset using Ensemble Classifiers and RFE Feature Selection Technique. International Journal of Sciences: Basic and Applied Research (IJSBAR), 2021,55(2):67-80.